锦华

雪胖 —— 著

非遗绒花
制作教程

化学工业出版社

·北京·

内容简介

绒花作为中国传统像生花艺术的一种，又被称为"宫花""喜花"，其风格饱满典雅，极具装饰性。又因谐音"荣华"，具有"荣华富贵"的含义，备受人民群众的青睐。

本书共分为八章，第一章讲解了绒花发展的历史背景以及绒花的流派之分，帮助大家更好地了解绒花的前世与今生；第二章详细介绍了制作绒花常用的工具与材料；第三章介绍了绒花制作的基本技法，包括烧铜丝、包线、磨剪刀、染色、北派绒条制作流程、基础绒条的制作方法等；第四章讲解了绒花基础叶型和基础花型的制作，包括毛绒款和压扁款的各种基础技法；第五章讲解了复杂款压扁花型绒花的制作，包括玫瑰、牡丹、掐丝水仙、荷叶、鬓头花五种；第六章讲解了复杂款毛绒花型绒花的制作，包括牡丹、摇钱树、凤三多、荷花、菊花五种；第七章展示了各种绒花的佩戴效果；第八章展示了我国其他传统手工艺，包含缠花、通草花、花丝镶嵌、宝石花，带大家领略中国传统手工艺多样的魅力。

图书在版编目（CIP）数据

荣华似锦：非遗绒花制作教程 / 雪胖著. --北京：
化学工业出版社，2025. 7. --ISBN 978-7-122-47795-8

Ⅰ．TS938.1

中国国家版本馆CIP数据核字第2025UD7899号

责任编辑：孙晓梅
责任校对：张茜越
装帧设计：孙　沁

出版发行：化学工业出版社
　　　　　（北京市东城区青年湖南街13号　邮政编码100011）
印　　装：北京宝隆世纪印刷有限公司
710mm×1000mm　1/16　印张11³/₄　字数210千字
2025年9月北京第1版第1次印刷

购书咨询：010-64518888
售后服务：010-64518899
网　　址：http://www.cip.com.cn

凡购买本书，如有缺损质量问题，本社销售中心负责调换。

定　　价：78.00元　　　　　　版权所有　违者必究

前言

绒花，作为一种仿生的花卉装饰，被誉为"宫花""喜花"。它由手艺人巧妙地融合蚕丝与铜丝、银丝等金属材质，精心修剪而成，不仅外观上展现出饱满绚丽、雍容华贵的非凡气质，更因其谐音"荣华"，寓意吉祥，成为从王公贵族到寻常百姓都非常喜欢的吉祥饰品。

绒花的制作工艺繁复精细，即便是看似微不足道的一朵，其背后却蕴藏着多达十几道复杂工序。它以其栩栩如生、几可乱真的艺术效果，打破了季节与时间的桎梏，让花朵之美得以在人们的发间永恒绽放，艳丽而不凋零。

本书是笔者多年绒花教学心血的结晶，是对这一传统技艺深刻理解的体现。书中不乏花型审美的探索与技巧的尝试，或许尚存不足，但作为引领初学者踏入绒花制作世界的入门指南，它已足够承担起这份责任。衷心希望本书能为有志于学习绒花制作的新人提供一份助力，同时也期待来自同行们的宝贵批评与建议，共同促进绒花艺术的传承与发展。

本书的完成，绝非一蹴而就，亦非一人之力所能成。在此，特别感谢蔡志伟老师对"绒花的传统制作工序"这一章节的悉心指导与宝贵建议。同时，对好友清和在文献资料整理方面的贡献、助理逸乐在染色部分提供的独到见解、磨刀师傅的特别参与、好友光岳对文稿的细致审查、晓琳装束的全力支持，以及积极提供精美作品图片的手工达人朋友们，表示最深的感激。愿我们的传统手工艺在数字媒体与信息时代，能够传播得更远，焕发出更加蓬勃的生命力！

雪胖

第一章　绒花的前世与今生

一、何为绒花　002

二、追根溯源——绒花的兴起　003

三、繁荣发展——绒花的兴盛　004

四、萧条没落——绒花发展的窘境　007

五、星星之火——绒花在当代的传承与创新　008

六、绒花的流派之分　009

第二章　制作绒花所需的材料与工具

一、必备材料　012

二、必备工具　014

三、辅助材料与工具　017

第三章　绒花制作基本技法

一、准备工作　020

二、绒花的传统制作工序（以北派手法为例）　035

三、基础绒条制作方法及流程　037

四、细绒条与长绒条的制作方法　043

五、不同种类的线如何分量排线　045

六、绒条用量公式　046

七、绒条的混色与掺色　048

八、绒条打尖　056

九、本书中的一些特有名词及其解释　057

第四章　基础叶型及花型制作

一、基础叶型　060

二、基础花型及组装　074

三、绒条出错原因详解　096

四、其他经验总结　098

第五章 丝光盈盈——复杂款压扁花型制作

1. 玫瑰　102
2. 牡丹　106
3. 掐丝水仙　112
4. 荷叶　117
5. 鬓头花　121

第六章 花开富贵——复杂款毛绒花型制作

1. 牡丹　128
2. 摇钱树　132
3. 凤三多　142
4. 荷花　149
5. 菊花　154

第七章 绒花的佩戴与展示

一、绒花的保存及收纳注意事项　162
二、绒花的佩戴与展示　163

第八章 其他传统造花艺术

1. 缠花　176
2. 通草花　177
3. 花丝镶嵌　178
4. 宝石花　180

致读者的一封信

明代经典剧目《绒花记》

笔者收藏的绒花凤凰

1955年关于扬州绒花
出口情况的报纸报道

青年節約隊的假日節約活

△常州市大成一廠紡部十三個青年團員，組成了一支青年
機間勞邊的垃圾堆上，被隊員們收拾起來了。就在男工宿舍旁的草漿裏，
面……一共搜集到三千二百五十斤廢鋼廢鐵，有一百二十斤的各種螺絲。
百多元的閘門凡而，深受到一次厲行節約的教育。
△地方國營蘇北植物油廠的
召，建立了青年節約隊。在業餘時間，
溝洞裏，搜集了
一千八百多斤，螺
絲……等的材料。十多天
交易市場；八
準備運銷的生產小組，
天工天，趕製和創作了雀鶯、黃鶯、翠鳥、
鳳尾荸等十四種樣品。第一批產品
將在六月十五日交貨。（陳清泉）

設立野草交易市場
作社，最近分別在所屬六個主要鄉鎮
無錫縣八士、蕩口、梅村等三個鄉鎮

扬州絨花將運銷國外
中國土產出口公司江蘇省分公司，
九打扬州市著名手工藝品絨花，決定由絨花供銷的生產小組，
出國的絨花，六十九歲的老藝人王以

江蘇白元

五月初三夏

二十三

第一章

绒花的
前世与今生

山茶

一、何为绒花

二、追根溯源——绒花的兴起

三、繁荣发展——绒花的兴盛

四、萧条没落——绒花发展的窘境

五、星星之火——绒花在当代的传承与创新

六、绒花的流派之分

掐丝水仙

牡丹

一、何为绒花

无论时代如何变迁，鲜花始终是人类生活中不可或缺的元素，承载着人们对美好生活的无限憧憬，丰富着人类的精神世界。人们不仅种植、欣赏花卉，更将花朵作为装饰，簪于发间，为装束增添一抹亮丽的色彩。在中国古代，"簪花"这一风尚跨越了性别与年龄的界限，成为男女老少共同的喜好，贯穿于衣食住行、婚丧嫁娶、仪式庆典等各个生活层面，逐渐融入并丰富了古代民俗文化的内涵。

在中国古代，鲜花被誉为"生花"，而各种材质制成的假花则称为"像生花"。鉴于鲜花的娇弱与季节的限制，佩戴于鬓间的鲜花往往难以持久，而假花则以其色泽鲜亮、经久不衰的特点，成为替代之选。它们不仅打破了时间的桎梏，还能将四季之花齐聚一堂，展现独特的魅力。随着需求的增长，"像生花"行业应运而生，并逐渐繁荣。

像生花的材质丰富多样，既有轻盈的纸与丝帛，也有贵重的丝线、宝石、珍珠、金银等。它们或轻巧别致、色彩斑斓，或珠光宝气、流光溢彩，或晶莹剔透、璀璨夺目，每一件作品都是匠心独运的结晶，展现了中国古代人民对美的极致追求与对美好生活的深切向往。

绒花是一种独特的像生花艺术，亦称"宫花"（源自宫廷内院的精湛工艺）与"喜花"（民间作坊的喜庆之作），它是巧妙地融合蚕丝与铜丝、银丝等金属元素制作而成的华美绝伦的装饰品。其不仅外观饱满绚烂，尽显雍容华贵之姿，更因谐音"荣华"，寓意吉祥，深受王公贵族及寻常百姓的喜爱，成为传递吉祥之意的佳品。

牡丹

二、追根溯源——绒花的兴起

绒花的起源，虽传为唐代，却无确凿文献佐证，但无疑与丝绸行业的蓬勃兴起密切相关。古人智慧地利用蚕丝的特性，创造出这栩栩如生的艺术之花。随着丝织品纺织技艺的广泛传播，绒花这一匠心独运的像生花也逐渐融入大众生活，成为人们日常生活中不可或缺的一部分。作为鲜花的永恒替代，绒花以其丝织品独有的光泽与逼真的形态，跨越季节与时间的限制，让花朵在发间常开不败，绽放着绚丽多彩的光芒，为平凡的生活添上一抹不凡的韵味。

在明代的历史记录里，绒花不仅得以在宫廷中绽放光彩，亦在市井之间广泛流行。彼时，南京作为经济相对发达之地，其丝织业的蓬勃发展为绒花的兴起奠定了坚实的基础。尤为值得一提的是，南京丝绸制造业的繁荣带来了丰富的蚕丝下脚料，这些原本可能被遗弃的材料，在民间艺人的巧手下得到了充分的利用。他们将这些下脚料精心分类，并通过巧妙的工艺进行加工，制作出既轻巧又质地柔软的绒花，进一步推动了绒花艺术的普及与发展。

在《明神宗实录》中有绒花的记载："丁丑，以寿宫正殿安石竖柱，赐三辅臣，每银柄绒花二枝，大红云纻丝二疋……"意为：在丁丑日这天，因为寿宫正殿安放并竖立了石柱，皇帝赏赐三位辅政大臣，每人银柄的绒花两枝、大红云纹纻丝两匹……绒花作为"宫花"的一种，作为赏赐之物可赠予大臣，"银柄绒花"则说明了官造绒花与民间绒花的区别，官造绒花多用银柄来插戴和固定，民间则多用铜棍与打磨好的木簪棍等来插戴和固定。

菊花

明代小说《二刻拍案惊奇》中也有提到民间妇女插戴绒花的场景："白皙皙脸搽胡粉，红霏霏头戴绒花。胭脂浓抹露黄牙，髽髻浑如斗大。"绒花以其小巧精致的外观与实惠的价格，赢得了各阶层女性的青睐，风靡一时。在明代经典剧目《绒花记》中，更是以一支世代相传的绒花作为关键线索，细腻描绘了一对订有婚约的男女遭遇恶意阻挠，最终情定终身的感人故事。这足以证明，绒花早已深深融入了人们的日常生活，成为不可或缺的一部分。

《绒花记》小人书

三、繁荣发展——绒花的兴盛

绒花的生产与制作在清代进入了鼎盛时期。尤其是在当时的首都北京，旗人妇女时兴梳"二把头"，又称"旗头"，旗头上常插戴轻巧的绒花、绢花、点翠花等作为装饰。旗人贵族妇女不仅在婚礼等喜庆的日子要戴绒花，而且一年四季日常所戴的绒花还会顺应时节而变。甚至清朝内务府造办处还设有专门为宫廷制作绒花的"花儿作"，在《清稗类钞》中有帝后大婚使用绒花的记录："皇上、皇后坐龙凤喜床，食子孙饽饽讫，由福晋四人，率内务府女官请皇后梳妆上头。仍戴双喜如意，加添扁簪富贵绒花，戴朝珠，乃就合卺宴。"为宫廷制作的"宫花"在材料工艺和精

旗人贵族妇女
旗头上插戴绒花

巧度上都远超民间绒花，现在北京故宫博物院还存有帝后大婚时所用的绒花。王公贵族中绒花的流行，促进了绒花在民间的繁荣发展。

此外，在清朝时期，北京崇门外花市大街成为绒花、绢花、纸花等手工艺品的重要生产基地。这里的居民多以家庭为单位，设立小型生产作坊，专注于这些传统手工艺品的制作。每逢传统佳节，绒花的销售便进入旺季，手艺人们提前准备材料，精心制作出一朵朵精美的绒花，以应市场需求。

放在花匣中
售卖的绒花

除了佳节期间，庙会也是绒花销售的另一大好时机。为了更好地展示和售卖产品，手艺人会特别打造一种花匣，将精心制作的绒花分类摆放其中。打开匣盖，只见色彩缤纷、干净整齐的绒花映入眼帘，既美观又便于顾客挑选。这样的设计不仅体现了手艺人的匠心独运，也大大提升了产品的吸引力和销售量。

在民国前中期，绒花发展依旧繁荣，汪曾祺在《大淖记事》中曾写道："她们的发髻的一侧总要插一点什么东西。清明插一个柳球（杨柳的嫩枝，一头拿牙咬着，把柳枝的外皮连同鹅黄的柳叶使劲往下一抹，成一个小小球形），端午插一丛艾叶，有鲜花时插一朵栀子，一朵夹竹桃，无鲜花时，插一朵大红剪绒花。"说明当时的妇女依旧流行插戴绒花。在民国时期，中外交流频繁，众多外国摄影师怀揣着对东方文化的浓厚兴趣，纷纷踏足中国，用镜头捕捉并记录下那个时代的风貌与生活点滴。其中，德国女摄影师赫达·莫里逊尤为突出。特别值得一提的是，在1933年至1934年间，赫达·莫里逊在北京门头沟的庙会中捕捉到了这样一幅生动的画面：照片中的女子身着当时流行的针织毛衣，胸前佩戴着精致的绒制金鱼与蝴蝶胸针，更在鬓边插有一支栩栩如生的凤凰发簪，其口中还巧妙地衔着流苏，增添了几分灵动与雅致。从凤凰的款式推断，这支凤簪无疑是那个时代的经典之作，它不仅展现了高超的工艺水平，更作为时尚潮流的象征，被广泛传播并收藏。笔者也珍藏着类似款式的饰品。

赫达·莫里逊拍摄的
佩戴绒花的女子

笔者收藏的
绒花凤凰

　　民国后期，由于战争的影响，绒花手艺人流离失所，受生计所迫不得不另谋出路，绒花行业式微。

　　抗日战争胜利后，党和政府高度重视民间艺术的发展，针对手工艺行业推出了一系列保护措施。与此同时，为迎合新时代的需求，众多绒花艺人开始创新，专注于鸟禽类作品的创作，为绒花艺术的发展开辟了崭新路径，即绒制工艺品的制作。以北京绒花为例，20世纪50年代末，便成立了"北京绒鸟合作社"，专注于绒兽、鸟禽及山水风景等题材的绒花作品制作。随后，20世纪60年代末，"北京绒鸟厂"应运而生，其制作的绒花工艺品大量出口至海外，极大地促进了绒花艺术的国际传播。为提高生产效率，当时的绒鸟厂员工兰玉林自主研发了捍绒机、搓条机、刹条机等设备，成功实现了绒花生产的流水线管理。值得注意的是，此时期，不仅北京，江苏的南京、扬州等地也相继设立了绒花厂，共同迎来了绒花发展史上的又一个辉煌时期。各大绒花厂紧抓机遇，推动绒制品走出国门，远销海外。下页图中展示的，正是笔者珍藏的一份1955年关于扬州绒花出口情况的报纸报道，见证了绒花艺术在国际舞台上的璀璨时刻。

绒花，这一传统工艺品，不仅在日常生活中扮演着重要角色，更在多个行业中闪耀着独特的光芒。特别是在我国珍贵的非物质文化遗产——京剧领域，绒花作为头饰，以其独特的魅力，在人物刻画上发挥着举足轻重的作用。从《四郎探母》中铁镜公主佩戴的华丽绒花正凤，到其他女性角色利用各式绒花鬓头花展现身份差异，无不彰显着绒花的艺术价值与深厚文化底蕴。此外，京剧舞台上，将军们的头盔上也不乏绒球的点缀，这些色彩斑斓、大小不一的绒球，不仅增添了角色的威武气势，更使舞台效果更加丰富多样。

绒花的魅力远不止于此，它还频繁出现在电视剧中。《西游记》拍摄期间，剧组特意在北京绒鸟厂定制了一系列精美头饰，无论是高小姐大婚时的红色凤冠，还是女儿国国王的红蓝两色凤冠，乃至女儿国文武百官的头盔，均出自该厂之手，为剧集增色不少。而在电影《火烧圆明园》中，绒花同样作为重要道具出现，进一步展示了其跨越时代的艺术魅力。

四、萧条没落——绒花发展的窘境

20世纪90年代，受市场经济体制改革以及公众生活方式与审美观念的深刻变迁影响，全国各地绒花厂相继宣告关闭，老艺人也相继离世，绒花工艺一度陷入技艺传承中断、后继无人的艰难境地。幸运的是，得益于政府的积极扶持与政策推动，2006年南京绒花（市级非遗）成功申遗，赵树宪老师被确认为南京市唯一绒花技艺非遗代表性传承人。次年，绒花制作技艺更被纳入江苏省首批省级非物质文化遗产名录。2009年，"北京绒鸟·绒花"也荣耀入选北京市市级非物质文化遗产代表性项目，蔡志伟老师被评选为该项目的代表性传承人。此外，扬州绒花、淮安绒花、天津绒花等也相继成为各自地域的文化瑰宝，被列为非遗项目。

在官方大力扶持的同时，天津作为一个特例，通过深厚的民俗传统成功保留了绒花制作工艺。天津绒花是绒花历史中不可或缺的重要分支，天津市更是目前全国范围内绒花佩戴习俗保留最为完好的城市。无论是春节、端午这样的传统节日，还是婚嫁等喜庆场合，"聚宝盆""龙凤呈祥"等经典样式的绒花总能点缀在人们的胸前或发间。天津绒花以其亲民的价格、传统的吉祥款式深受大众喜爱，而作为北派绒花的代表，其色彩更是以红色为主，寓意着喜庆与吉祥。

五、星星之火——绒花在当代的传承与创新

近年来传统文化的逐步复兴，非遗技艺借助自媒体的广泛传播，激发了更多年轻人自愿投身于学习与研究的热潮。其中，绒花技艺在多部热播影视剧的推动下，逐渐走进了公众的视野。自2018年起，众多杰出的手工艺人自发地对绒花技艺进行了深入的研究、讨论与升级，创作出众多较传统绒花更为精致细腻的款式。

在此，我们首先要向那些始终坚守在这一行业的老匠人们致以崇高的敬意。正是他们的坚持与不懈努力，让绒花技艺得以薪火相传，并借助互联网兴起的非物质文化遗产热潮，让这朵传统之花绽放得更加绚烂。

如今，在各大社交平台上搜索"绒花"，便能涌现出大量令人赞叹的优秀作品。无论是经典的毛绒款、别致的压扁款，还是近年来创新推出的掐丝款，都是手工爱好者们对绒花造型无限可能性的积极探索与实践。每一位参与其中的创作者都值得我们由衷地敬佩，每一位同行都值得我们充分肯定，而每一位消费者更是我们前行的动力。正是有了大家的共同努力与支持，绒花技艺才得以逐渐回归大众视野，实现了从"星星之火"到"燎原之势"的华丽蜕变！

掐丝水仙

六、绒花的流派之分

绒花按照流派可大致分为南派和北派。南京绒花、扬州绒花、淮安绒花等南派制作技艺，色彩较为丰富，造型生动；北京绒花、天津绒花等北派制作技艺，造型较为夸张，适合抽象型花朵的表达，且颜色以大红为主。而从制作流程看，南北两派的绒花制作工序和步骤的命名均有区别，例如北派中将绒条搓起来的步骤叫作"搓条"，南派将这一步骤叫作"勾条"，北派中的"刹活儿"在南派制作工序中叫作"打尖"，北派的"攒活"在南派叫作"传花"。但无论南派还是北派，只是风格和制作步骤上有所差异，其本质都为绒花。

在本书中，笔者精心呈现了多款独特花型的绒花作品，这些作品皆是笔者在自学绒花技艺的征途中，凭借不懈探索所构建出的一套个人化的理论体系与实操方法的结晶。起初，笔者的探索之路不乏南北技艺交融的尝试与流程颠倒的摸索。然而，随着对北派绒花的深入系统化学习，笔者对自身既有的操作流程进行了科学的优化调整，旨在为广大读者在自学过程中提供一份宝贵的参考，愿大家的学习之旅充满乐趣，收获满满。

摇钱树

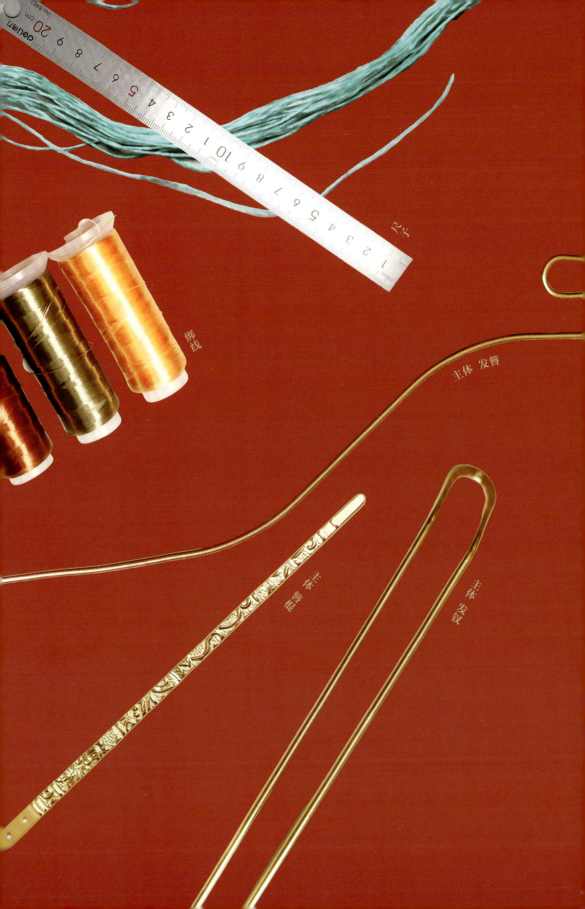

尺子

绑线

主体 发簪

非主体 簪长

主体 发钗

第二章

制作绒花所需的材料与工具

一、必备材料

二、必备工具

三、辅助材料与工具

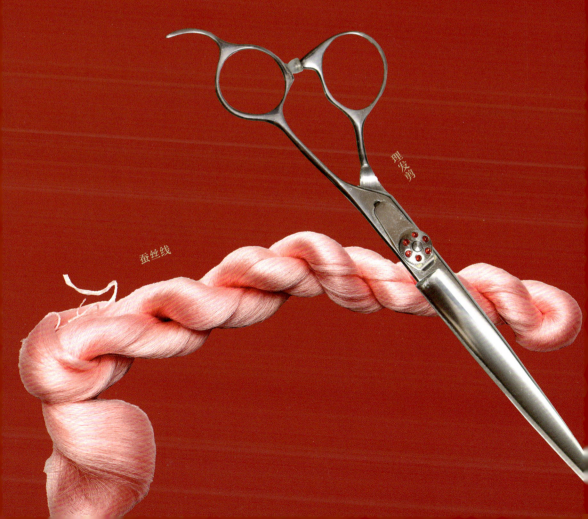

理发剪

蚕丝线

一、必备材料

蚕丝线

　　蚕丝按照材质可分为生丝和熟丝，生丝是蚕丝线未脱胶时的状态，熟丝则是由生丝脱胶制成。熟丝较生丝柔软，光泽度较好，所以常见于绒条方面的制作。生丝由于其较强的支撑性，常被用于绒球和一些动物类绒花的制作。无论是生丝还是熟丝，都属于蚕丝线，只是加工方式和使用场合不同。下面为大家讲解生丝、熟丝、苏绣线、湘绣线以及市面上其他线的名词解释和类属分析，方便大家分析手头的丝线种类。

生丝

　　生丝：蚕丝线未脱胶时的状态，手感较硬，根根分明，适用于绒球、动物等花型。（常见的生丝为白色，图示为染色后的生丝。）

　　熟丝：生丝脱胶以后的线，触感较为柔软，光泽细腻，是做绒花的主体材料。原始状态下的熟丝经常是一大绞且呈渔网状，使用时需要劈绒，新手不建议使用。

熟丝

　　苏绣线（以无捻/免劈苏绣线为例）：属于熟丝，是原始熟丝经过加工以后方便取量的蚕丝线，通常一根线由16丝组成，一根线的状态很细，由于其取量方便且易于梳绒，常被广大绒花爱好者使用。（需要劈丝的苏绣线也可使用，绒感和细腻度可能更好，只不过常用规格一根较细，且通常状态下是两小根合为一根，需要劈丝，比较耗费心力，时间充裕的话，可以尝试。）

苏绣线

　　湘绣线：属于熟丝，是原始熟丝加工以后方便取量的线，通常一根线由50~112丝组成（一根线的丝数不固定，所以有时候会出现粗细不一致的情况），两小根线捻到一起构成一大根，其线本身的状态相比免劈苏绣线会更粗一点，取量相对也会更方便。（值得注意的是：免劈苏绣线和湘绣线均属于蚕丝线，二者并无区别，只是湘绣线全国范围内只有一个工厂，所以产量、品质相对苏绣线会略差一些，偶有批次质量问题，但并不代表湘绣线做出的绒花不属于蚕丝绒花。）

湘绣线

　　市面上常见的其他几种线：由于绒花市场最近几年的不断发展，涌现出了很多优秀的商家，常见的几家线材商铺有：俩仟家、暖央阁、你与繁花、花绒满楼、苍苍梧桐、猫线等。这些店铺的丝线均为熟丝，只不过把丝线加工成了不一样的状态和粗细，新手使用时可以问清楚商家一根线有多少丝，再按照后面提到的数据公式自行换算，也可以将免劈苏绣线和湘绣线用熟练了以后，再使用这些不同粗细状态的线。

其他丝线

铜丝

这里提到的铜丝是做绒条需要的铜丝，铜丝是用来支撑绒丝的骨架。

黄铜丝：常用到的是纯度在h65的0.2mm、0.18mm黄铜丝，有些情况下会用到0.15mm、0.25mm、0.3mm、0.6mm的型号。（笔者在这里并不推荐使用紫铜丝，一是因为紫铜丝氧化速度过快，很容易氧化变成黑色，影响作品质量；二是紫铜丝退火以后相较于黄铜丝更柔软，虽然拴铜丝很方便，但是做成绒条后相较于黄铜丝变形概率更大；三是紫铜丝退火以后会发黑，需要二次处理，相较于黄铜丝退火较麻烦。）

保色铜丝：是指经过保色处理加了镀层的铜丝，抗氧化性较好，常用于掐丝绒花、枝干加固和其他特殊花型的制作，0.3mm和0.5mm是常用的型号。

不锈钢丝/铁丝：常用到的型号是0.3mm和0.5mm的软丝，用来增加整个花型枝干的支撑力。（不锈钢丝和不锈铁丝可以二选一。）

黄铜丝

保色铜丝

不锈钢丝／铁丝

花蕊

常用翻糖花蕊、铜质花蕊，翻糖花蕊较为精细迷你，用来做花非常精致，新手切勿买个头很大的石膏花蕊。铜质花蕊则用于一些掐丝绒花等花型的搭配。

主体

用于固定成品花型的金属支撑物，通常是簪棍、发钗、发梳、发夹一类。

胶水

常用的胶水是UV胶、白乳胶、GS珠宝慢干胶水等。UV胶用来做花蕊或用于特殊位置的固定。白乳胶用于处理花蕊、粘雪粉和金箔。GS珠宝慢干胶水用于绒条的黏合以及掐丝绒花的黏合。

花蕊

主体

胶水

发胶

用于压扁造型的花瓣定型处理，建议选择无香型或香味较小的发胶。（提示：由于发胶含有香精及甲醛，使用发胶定型时记得佩戴好口罩，开窗通风，不要在密闭空间进行定型工序。另外，不同种类的发胶不可混用，防止发生其他意外。）

防滑粉（镁粉）

防滑粉可以辅助我们更好地拴铜丝，可选取运动员常使用的健身镁粉。（为了使用方便，可以将其分装到罐子里，使用后要洗手，常用镁粉会使指尖变粗糙，注意定期保养手指。）

绑线

绑线主要用于固定花瓣以及组合花型。建议选取单根的丝绒线（丝绒线并非蚕丝材质，千万不要和蚕丝线混淆），常见的颜色有褐色、茶绿色、黄色等。

各色黏土配件

如小浆果、小莲蓬等。

绒条插板

用于放置绒条，此物可用泡沫板代替。

花艺铁丝（26号）

用于支撑叶片，防止变形。

各色珍珠 / 仿珍珠

用于增加作品的精致度。

掐丝模板

制作掐丝绒花时使用，以增加作品的规整度。

二、必备工具

绒排剪刀

用于剪绒条，锋利且较长的剪刀刃可以将排列好的绒排带着铜丝一根根剪下，不容易歪斜。经过各位绒花爱好者的不懈努力，目前市面上已经有专业的绒花剪刀供消费者购买。

发胶

防滑粉（镁粉）

绑线

各色黏土配件

绒条插板

花艺铁丝（26号）

各色珍珠 / 仿珍珠

掐丝模板

桃桃定制绒排剪刀：分为270和290两种款式，只是长度和重量方面有区别。

十鸢集定制绒排剪

龙花剪：以上两家的剪刀如果都买不到，可以酌情考虑买龙花剪，但是龙花剪较为粗糙，需要磨顺滑才可使用。

温馨提示：切勿盲目自信，随意磨剪刀，蚕丝线对剪刀刃的灵敏度要求极高，自行磨刀容易磨坏，可交由专门的师傅去磨。如果有特殊原因要自己磨剪刀，可以参考本书第34页。

打尖剪刀

理发剪：理发剪轻巧、便捷且锋利，修剪绒条非常合适。常用尺寸为5.5寸和6.5寸，5.5寸用于修剪5cm及5cm以下的绒条，6.5寸用于修剪5cm以上的绒条。

裁缝剪：适合与刹活罐搭配使用。

立钊小粉剪刀：感觉理发剪或裁缝剪用起来不顺手的读者，可以试一下此款剪刀，它的手柄较理发剪大，重量较裁缝剪轻。

桃桃定制绒排剪刀

十鸢集定制绒排剪

龙花剪

理发剪

裁缝剪

立钊小粉剪刀

修形剪刀

弯头剪刀或平剪都可以，主要用途是修剪定型好的花瓣，剪刀刃锋利即可。（提示：这里提到的剪刀都有各自的用途，切勿混用，如将剪绒排的剪刀拿来剪纸或布料，又或是将打尖的剪刀拿来给压扁的花瓣修形状，这些行为都会大大降低剪刀刃的灵敏度，甚至使剪刀直接报废。）

小剪刀

用来剪断铜丝和不锈钢丝。

尼龙钳子

用于把缠绕丝线的钢丝压平，在压平整的同时能够最大限度地保护丝线不被刮花。

镊子、尺子、棍子

镊子用于绒条黏合和造型组装，尺子用来测量数据，棍子用来拴丝线。（笔者习惯用木棍拴丝线，大家也可选用直径较小、重量较轻的毛衣针。）

修形剪刀

小剪刀

尼龙钳子

镊子、尺子、棍子

搓丝板

给绒条加密时使用，应当选择表面粗糙，未经过度打磨的木板。新手切勿偷懒，使用电动橡皮擦代替，尽量使用传统工具练习手感，提高学习效率。

夹子

由两个大夹子和多个食品密封夹构成，大夹子尽量选择有重量且咬合力较好的钢夹。

绒花架子

尽量选择可以调档的架子，以适应不同长度的丝线。

鬃毛刷

只考虑质量较好的软毛猪鬃刷，切勿盲目购买万毛刷（容易起静电）、硬毛猪鬃刷（容易起球打结）、牙刷、鞋刷等其他用途的刷子。

搓丝板　　　　　　夹子

夹板及夹板保护贴

夹板用于将绒片压扁，尽量选择质量较好、可以调温的夹板，这样压出来的绒片才能达到一气呵成的丝滑感。夹板保护贴用于保护夹板表面涂层，防止涂层被铜丝刮花。

燃气灶和烧烤网

前者用于给铜丝退火，后者用来均匀火焰。

绒花架子　　　鬃毛刷　　　　夹板及夹板保护贴

刹活罐

用于接打尖时飞下来的碎绒。具体如何使用，请看后面章节的演示。

排刷

用于花片定型。

打火机

用于丝线收尾。

燃气灶和烧烤网　　　刹活罐

排刷　　　　　　打火机

手工切割板 / 牛皮垫

防震，方便以北派托剪的方式剪绒条。

纺织钢梳（42 齿）

用于给绒丝开绒。

手工切割板 / 牛皮垫　　纺织钢梳（42 齿）

三、辅助材料与工具

烫花器

云锦粉 / 美甲闪粉

金箔

雪粉

染料

美甲水滴

仿太湖石

丝线展示架

烫花器

其工作原理是用带一定温度的烫头把花片烫软，从而塑造形状，花片受热以后光泽度会更好一些，如果可以徒手拗花片造型，则不用选烫花器。

云锦粉 / 美甲闪粉

在给绒片定型前将这些粉末加入定型液中，然后涂抹到花瓣上，从而使花瓣更闪亮。

金箔

增加整体氛围感，使花型更有质感。

雪粉

营造雪景的感觉，增加造型意境。

染料

自行染色，实现丝线颜色自由。

美甲水滴

一般用于压扁款花型，增加造型意趣。

仿太湖石

增加发簪意境。

丝线展示架

用于挂丝线，方便取线配色。

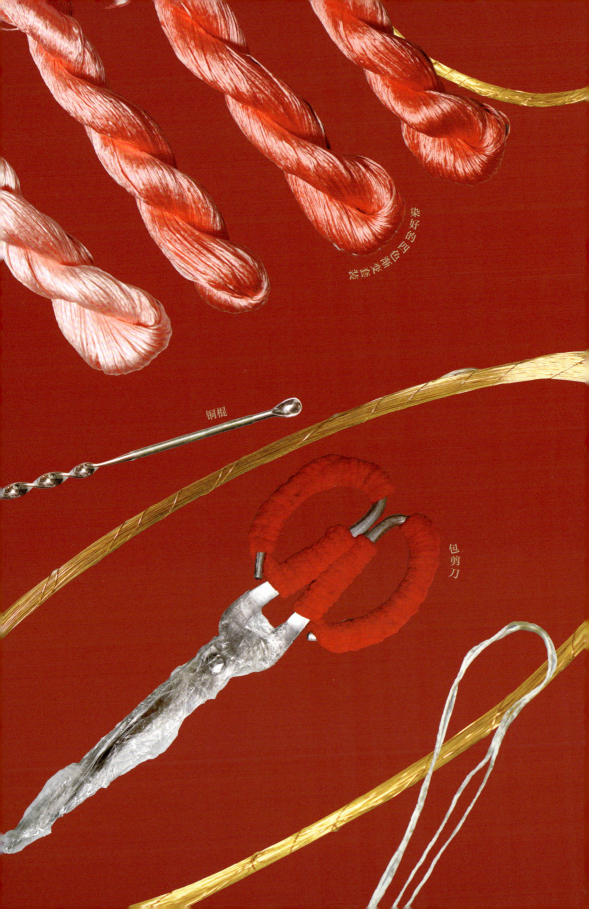

染好的四包金套染线

铜棍

包剪刀

第三章

绒花制作
基本技法

一、准备工作

二、绒花的传统制作工序（以北派手法为例）

三、基础绒条制作方法及流程

四、细绒条与长绒条的制作方法

五、不同种类的线如何分量排线

六、绒条用量公式

七、绒条的混色与掺色

八、绒条打尖

九、本书中的一些特有名词及其解释

铜丝

绒排

绒条

一、准备工作

提前包好剪刀

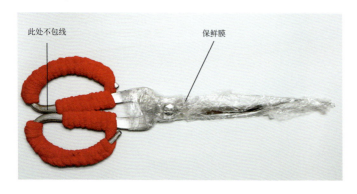

此处不包线　　　　　　　保鲜膜

扫码观看
包剪刀视频教程

问：为什么要包剪刀？

答：鉴于绒花制作的独特性，此种大号剪刀是频繁使用的必备工具。对于初学者而言，剪刀手柄的硬度可能导致手掌摩擦起水泡，故推荐适当包裹剪刀手柄，以提升使用舒适度。（但此步骤并非硬性规定，若无此需求，读者可自由选择跳过。）此外，在非使用时段，建议在剪刀刃部涂抹适量的剪刀油，并巧妙使用保鲜膜进行包裹保护。

小贴士
手柄交会处不包线是为了方便剪刀刃开合，此处一旦包了线会增加手柄厚度，从而导致剪刀刃合不到一起。

铜丝分绕与烧制

问：铜丝为何要烧制？

答：铜丝烧制，我们通常称之为退火。退火是一种将金属逐步加热至特定温度，并维持一定时间后缓慢冷却的加工方法。此过程旨在降低金属的硬度，优化其性能，并提升其柔韧性。具体到铜丝退火，其主要目的在于提升铜丝的柔韧度，以便更好地展开绒丝。尽管在某些特殊情况下无须退火，但考虑到新手操作的便利性和对手指的保护，推荐在练习阶段使用退火铜丝。此外，市场上也存在退火后再进行返色处理的铜丝，以满足特定需求（如极细浅色绒条与浅色压扁款式），其外观与未退火铜丝无异，新手购买时需仔细辨别。

铜丝的分绕（两种分绕方式可以二选一）

方法一：

01 找一个长度在13~15cm的物体以及一轴直径0.2mm的黄铜丝。（物体长度和形状并非固定的，13~15cm只是我们的常用长度，后续读者可以根据想要的绒排宽度来确定不同的物体长度；物体形状也可以是圆形，只要保证对折以后的铜丝长度大概一致即可，笔者只是就身边可利用的物品进行演示，并非绝对且唯一的方法。）

可在此处加一根棍子，取铜丝前把棍子抽掉，方便铜丝圈取下

02 给铜丝起头，在长形物体上面缠绕。

03 绕大概500圈后停止。绕的时候不要绷得过紧，不然绕完后铜丝圈取不下来。另外，缠绕的时候尽量平行绕整齐，这样方便我们后续取下铜丝圈。

04 留一截铜丝，把留出来的铜丝围着铜丝圈扎紧。

05 扎好的铜丝如图所示。（注意，此处一定要扎紧，扎紧以后像一个手镯的状态才是正确的，如果扎得松松垮垮或有单根的铜丝冒出来，那么退火的时候铜丝很容易烧断。）

方法二：

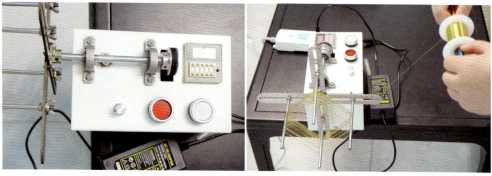

01 如果需要的铜丝量很大，手绕起来不方便的话，可以买一台绕线机。

02 起头绕几圈。

03 连续绕500圈左右取下。

04 依旧是留一截铜丝用来收尾、捆扎。

铜丝的烧制

01 在燃气灶上面放置烧烤网或镍丝网。

02 放好铜丝以后开大火，铜丝烧制过程尽量放到晚上，开火以后立马关灯，这样可以准确地观察到整个铜丝圈是否被烧红。大火将铜丝烧红以后，再烧30~50s，即可关火。

03 放置在一旁冷却。

04 拆除扎在外圈的铜丝，对折以后随便找一头，用小剪刀剪开。

05 准备好铜丝和镁粉。

06 取出一根铜丝先对折。

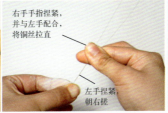

右手手指捏紧，并与左手配合，将铜丝拉直

左手捏紧，朝右搓

07 大拇指和食指蘸好镁粉，在对折处捏紧并朝右搓。

08 搓起来的部分约4.5cm（非固定数值，具体搓起来的长度要视具体绒排宽度而定，笔者这里只是给了一个大致范围，以作参考）。

左右手互相配合，将铜丝拉紧

右手把铜丝捻直

09 左手捏着对折处，右手拉紧铜丝头，在拉紧铜丝的同时用右手把铜丝捻直。（在北派绒花中，这个手法被称为"对丝"。）

10 搓好的铜丝如图所示。

11 搓一把备用。

小贴士

① 购买铜丝时，一定要看清型号，是否是h65的黄铜丝。（至于读者用的铜丝直径是0.15mm、0.18mm、0.2mm，还是0.3mm，完全看自己的需求，按需购买即可。）

② 铜丝切勿反复退火，否则会影响铜丝质量。

绒丝染色

问：是否可用冷水染色？

答：不可，冷水有固色作用，会使染色过程非常难操作。热水有助于分解染色分子，使染料更好地附着到蚕丝上，因此染色这一小节我们用的均是60℃以上的热水，染越深的颜色则需要越高的水温，当然也不能直接用开水。明白这一知识点以后，我们就可以开始染色部分的学习。

染渐变套装

01 提前将线浸泡好。

02 准备染料，笔者这里挑选的是春绿色。

03 在量杯中加入55勺染料（选取普通的挖耳勺即可），随后注入550mL的开水将染料化开。这里我们的配比原理是1勺染料兑入10mL的水，按照计算好的水量将染料化开后，便成了我们染色的原液。

04 兑好的原液。

05 先在水盆中加入1L的温水（约60℃），随后拿注射器抽取10mL的原液注入水盆中。

06 将浸泡好的白线捞出攥干以后投入染色盆，在水中不停上下投掷，确保染色均匀，2min后将线捞出。

07 捞出后用清水洗去浮色，攥干以后便能挂起来染下一支线了。

08 第二支线需重新换水，在水盆中加入1L温水，注入20mL的原液，重复上述染色步骤。

第三支
1L温水
30mL原液
①②
③④

09 第三支线也需重新换水，在水盆中加入1L温水，注入30mL的原液。加入的原液越多，染出来的线颜色越深。

第四支
1L温水
40mL原液

第五支
1L温水
50mL原液

第六支
1L温水
60mL原液

10 第四到第六支线按照图示数据依次往下染。（为了使大家有更好的观看体验，演示部分一盆水只染一支线，大家要是想大批量染线，可以把思路学会以后，自行增加染料的浓度和比例，一盆水可染多支线。）

第七支
800mL温开水
总计70mL原液

第八支
800mL温开水
总计80mL原液

11 到第七、第八支线时，想要上色度好，应当适当减少水的用量，将之前的1L温水改为800mL的温开水（80~90℃），另外适当增加染色的时间，可以使染的色更均匀且有分辨度。

第九支
800mL温开水
总计90mL原液

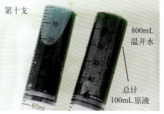

第十支
800mL温开水
总计100mL原液

12 到第九、第十支线时，如果上面用过的方法染出来的深色还不是很明显，这时就可以考虑适当再加一点染料，使深色更深，具有分辨度。

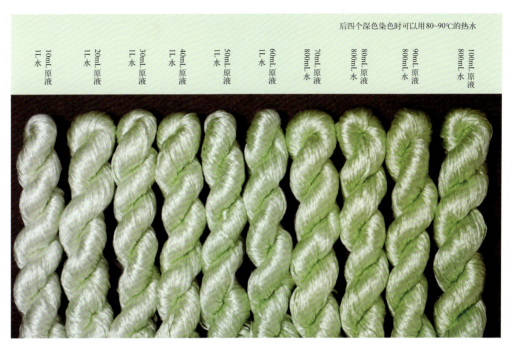

后四个深色染色时可以用80~90℃的热水

10mL原液 1L水　20mL原液 1L水　30mL原液 1L水　40mL原液 1L水　50mL原液 1L水　60mL原液 1L水　70mL原液 800mL水　80mL原液 800mL水　90mL原液 800mL水　100mL原液 800mL水

13 染好的套色如图所示，图中特意按照顺序做了标注，方便大家理解。

14 染好的渐变套色展示。

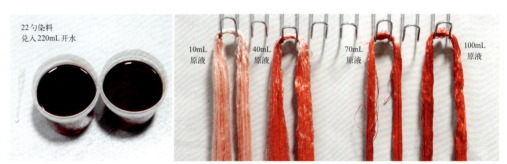

22勺染料
兑入220mL开水

10mL原液　40mL原液　70mL原液　100mL原液

15 以上是一套十色的渐变套装染色思路，如果只需要染四色，可以参考下面这套染色思路：首先在量杯中加入22勺染料，随即加入220mL开水将其化开，制成浅红色染料，之后分别抽取10mL、40mL、70mL、100mL的原液，加入1L温水（60℃左右）中染色。

16 染好的四色渐变套装如左图所示。

总结：渐变套装染色的核心思路在于调整染色原液在染色容器中的配比，通过逐步增加原液的量，使染出的线的颜色从浅至深自然过渡。大家在掌握此原理后，可以自由调整比例，享受个性化的染色过程。

染变色套装

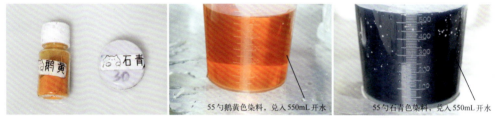

55勺鹅黄色染料，兑入550mL开水　　55勺石青色染料，兑入550mL开水

01 提前浸泡好蚕丝，选取鹅黄和石青两种颜色进行染色。

02 在量杯中加入55勺染料（选取普通的挖耳勺即可），随后注入550mL开水将染料化开，制成染色原液。

03 第一支线染色时，在水盆中加入1L的温水，之后注入95mL的鹅黄色原液和5mL的石青色原液，两种颜色完全互溶以后，放入蚕丝进行染色，投掷2min以后，捞出清洗并攥干。

04 第二支线染色时，在水盆中加入1L温水，之后注入90mL的鹅黄色原液和10mL的石青色原液，进行染色。

05 第三支线染色时，在水盆中加入1L温水，之后注入80mL的鹅黄色原液和20mL的石青色原液，进行染色。

06 第四支线染色时，在水盆中加入1L温水，之后注入70mL的鹅黄色原液和30mL的石青色原液。（注意观察规律，在注入染料原液总量为100mL不变的情况下，改变两种原液的比例，从而实现每支线的颜色都不同的目的。）

07 第五支线到第十一支线的配比如下。

第五支线：
1L温水+60mL鹅黄色原液+40mL石青色原液。

第六支线：
1L温水+50mL鹅黄色原液+50mL石青色原液。

第七支线：
1L温水+40mL鹅黄色原液+60mL石青色原液。

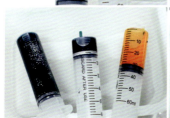 

第八支线：
1L温水+30mL鹅黄色原液+70mL石青色原液。

第九支线：
1L温水+20mL鹅黄色原液+
80mL石青色原液。

第十支线：
1L温水+10mL鹅黄色原液+
90mL石青色原液。

第十一支线：
1L温水+5mL鹅黄色原液+
95mL石青色原液。

08 十一支变色套装的颜色
变化如图所示。

11支线染色时均用1L温水

95mL的黄 5mL的青　90mL的黄 10mL的青　80mL的黄 20mL的青　70mL的黄 30mL的青　60mL的黄 40mL的青　50mL的黄 50mL的青　40mL的黄 60mL的青　30mL的黄 70mL的青　20mL的黄 80mL的青　10mL的黄 90mL的青　5mL的黄 95mL的青

09 染好的变色套装染料配比图。

10 染好的变色套装展示。

　　总结：变色套装染色的核心思想在于调整两种原液的比例，以达到每支线颜色各异又互相关联的独特效果。大家掌握了此原理后，即可自由调整比例，尽情享受染色过程的乐趣与创意。

小贴士

① 染色时尽量佩戴橡胶手套，防止手掌被染色。

② 不同品牌的染料的浓度不同，大家可根据自己购买的染料酌情增减用量，不必完全与笔者相同，明白染色原理即可。

染色及配色参考（特别鸣谢春芽手作小铺提供染色配色思路）

01 春日浪漫：粉＋绿配色，适合桃花、樱花等粉嫩的花型。

02 千里江山：参考宋代名画《千里江山图》，由黄、绿、蓝三色组成，配色较为明亮，适合毛绒款菊花或者压扁类花型。

03 如梦令：黄色到紫色的套线，颜色饱和度较低，适合牡丹、玫瑰等色彩丰富的大花。

如何起头包线

问：包线有什么要求？

答：无论是在花瓣的排列，还是在整体花型的构建中，包线的顺滑度与美感均占据着举足轻重的地位，切勿因过分聚焦于花型的绚丽而轻视了包线的关键作用。在进行包线作业时，应力求线条平滑、顺畅，避免结点的出现与丝线的磨损。

起头包线步骤

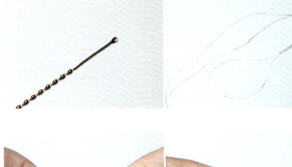

01 取一根铜棍主体做示范，从线轴上剪一根丝线下来，长度适中，一般在90cm左右（非定量，可按照自己的喜好去剪）。丝线不宜过短也不宜过长，过短的线在绕线时长度不够，需要补线，过长的线在缠绕过程中可能会打结。

02 将丝线前端3cm压在铜棍上，与铜棍平行，左手大拇指和食指压紧起头的地方。

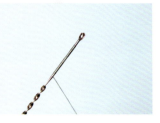

03 左手压紧的同时，右手拉着丝线从起头的地方顺着铜棍往下缠绕（绕线时，右手要学会松线，不要让丝线拧巴），绕好后在底部收尾即可。

拴丝包线（非常感谢手工达人舟郎顾公开分享此技巧）

　问：拴丝步骤是必需的吗？

　答：否，此步骤只是为了增加作品的精致度，如果觉得麻烦可以不用做。

拴丝包线步骤

01 取一根长度约55cm的0.3mm不锈钢丝和一根长约90cm的丝线。

02 从钢丝中间开始起头包线，在包好的地方对折。

03 用钳子压平，继续往下绕线，绕大约23cm（常用长度在23cm左右），再收尾。

04 颜色不拘泥于绿色，可以用各种颜色。

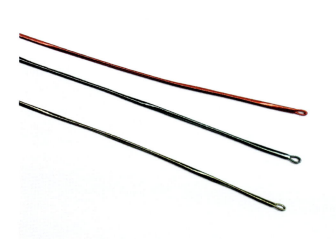

如何磨剪刀（感谢磨刀师傅刘臻房先生慷慨提供珍贵图片及专业技术指导）

磨剪刀的步骤

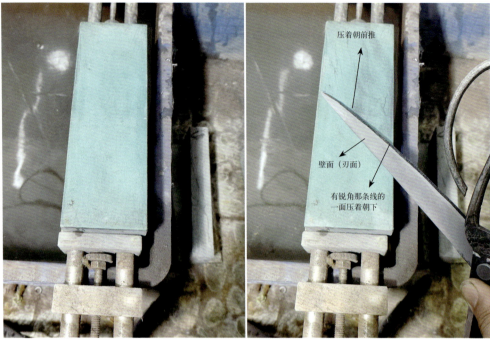

压着朝前推

壁面（刃面）

有锐角那条线的
一面压着朝下

01 准备1000~3000目的磨刀石，磨刀石表面要平整。

02 磨刃口找准角度，压着有锐角那条线的一侧朝前推，刀石太干时要浇水。

刃面有毛刺的地方

贴实平面，
往后轻拉

03 翻过来，将壁口（刃口）处平压着磨刀石，往后轻拉，磨除毛刺。

04 去除毛刺的同时，在刀刃里面磨出均匀的刀线。

小贴士
非必要不自己磨剪刀，否则很容易损伤刀刃。

二、绒花的传统制作工序（以北派手法为例）

问： 如果绒花分南派和北派，那么我们（读者们）属于哪一派？

答： 若大家并非意在申请非遗传承人身份，则派系纷争大可不必过于介怀。作为一位纯粹的民间艺术爱好者，我的技艺融合了南北两地的精髓，制作流程上更贴近北派，审美风格则偏向南派。故此，诸位无须在此问题上过多徘徊，专注于技艺的精进方为正道。

我有幸拜访了北京绒鸟·绒花非遗技艺的杰出传承者——蔡志伟老师。经过为期一个月的深入研习，我对北派绒花的专有术语及制作流程有了初步的认知。接下来，请大家随我一起探索传统北派绒花的制作流程。(此处有讲解视频，可扫码观看）

扫码观看
北派绒花的
制作流程

传统北派绒花的制作流程

01 炼绒：生丝表面有一层胶状附着物，炼绒就是将生丝脱胶，在高温烹煮的情况下将生丝变成熟丝。在这一步骤中最重要的两个因素：一是水温，二是脱胶材料。脱胶过程中水温保持在90~100℃，在烹煮等待脱胶这一段时间，不要开猛火煮。在投入蚕丝前加的脱胶材料可以是食用碱也可以是小苏打，蚕丝与食用碱的配比是10：1，水量没过线材即可。

02 抨丝：经过炼染脱胶以后的丝线会弯曲，抨丝就是将丝线拧干水分以后经过大力抻、拉、拽等处理，将其变直。

03 染色：染色是指将白色的熟绒浸湿以后染成想要的颜色，从而达到理想的制作效果。传统北派绒花常用的染色剂是工业纺织染料，呈碱性。

04 劈绒：劈绒是指将大份的绒劈成小份（需两人协作），使用时再将小份的绒对半剪开，固定好以后，再把绒丝慢慢分开，将里面的小疙瘩处理干净。

05 拴拍子：拴拍子也叫"拴条"，就是将铜丝一根一根地拴到绒排上，并固定好位置。要求铜丝之间间距均匀，且两头铜丝干净美观，不能"打架"。

06 剪拍子：整个拍子（绒排）拴好铜丝以后，就能卸下来，将其托在手心上，用大剪刀一根一根匀速剪到拍子板上，这一工序叫"剪拍子"。

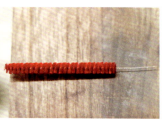

07 对条和搓条：绒条剪下来以后要尽快对齐搓起来，防止绒条被碰散。用手捏起铜丝，将其对准绒条的中轴，然后顺着铜丝搓好的纹路再搓一下，整个绒条就会卷起来。搓条就是把对好的绒条进行加密处理，在搓丝板上顺着铜丝的纹路走向（一般都是朝前搓）将其搓紧。

08 捧条：捧条是在对条的基础上衍生出来的手法，拯救一些掉绒的绒条，通过挤压铜丝两头，使铜丝中间微微张开，在张开的间隙将掉下去的绒收回来，避免不必要的浪费，这一操作非常考验制作人的娴熟程度。

09 刹活儿：刹活儿是指利用剪刀和罐子将绒条修剪出不同的形状，是所有制作工序中技术要求最高的。刹活罐是北派绒花中特有的、非常重要的辅助工具，可以使绒条修剪得又快又美观。

10 攒（cuán）活儿：攒活儿是指将绒条按照设计好的轮廓组装起来。这一步比较考验制作人的审美和整体协调能力。

11 制作完成：图片中展示的是北派传统花型——聚宝盆。

小贴士
① 南派和北派对绒花的制作工序有不同的命名，例如北派中的"刹活儿"在南派制作工序中叫作"打尖"，北派的"攒活儿"在南派叫作"传花"，很多爱好者在自学过程中会杂糅一些称呼，其实并无对错之分，只是南北两派对制作工序的命名不同。
② 蔡老师工作室使用的是特制紫铜丝，并非常见的紫铜丝，不易氧化。

三、基础绒条制作方法及流程

本节讲解的基础绒条制作方法及流程属于现代民间技艺的创新手法，融合了南派与北派的工艺精髓及专业术语，并巧妙融入笔者独特的制作习惯，形成了一套灵活多变的操作流程，仅供广大读者参考借鉴。鼓励读者根据自身喜好与经验，探索并总结出最适合自己的制作步骤。

在此，笔者凭借多年丰富的教学经验，特别针对制作过程中常见的错误环节进行了深入剖析与标注，旨在帮助读者避开误区，提升技艺。对于注重细节、渴望精益求精的读者，请务必仔细比对图片内容，并认真阅读随附的文字说明，以便更全面地掌握制作要领。（此处有讲解视频，可扫码观看）

扫码观看
基础绒条制作方法
及流程

基础绒条制作步骤

排线

这里采用常见的无捻苏绣线作为示范，7根无捻苏绣线排一组，总量15组，新手尽量排纯色。

固定

　　将排好的线确认好丝线间距，将整个绒排宽度调到4~4.2cm后，用大夹子固定在梳绒架的上端。（梳绒架子尽量用大夹子将其固定到桌子上，如果桌沿较厚，则可以在架子下面垫一张硅胶垫或牛皮垫，以增加摩擦力，从而确保梳绒时架子不会歪斜或位移，笔者这里就采取了垫垫子的方式。）

梳绒

　　梳绒是指利用刷子轻轻刮开单根丝线，目的是使其呈现出蓬松且富有光泽的外观。梳绒的合格程度直接关乎绒条的质量，因此，笔者在此环节进行了详尽的演示与深入的讲解。

01 梳绒前先把底部对齐，剪掉不整齐的地方，梳绒时每两组线为一小份，这样确保丝线能够充分地被梳开。

02 梳绒时左右手要互相配合，左手拉着丝线底端，右手拿刷子由上往下梳理。

① 无论刷子刷到哪里，都不要松左手

② 确认梳到最下端，再放左手

③ 即便左手松了，右手的刷子始终是压着线没有卸力

④ 左右手交替，直到线被刷蓬松

03 右手拿刷子，刷到最底端时，左手才可以松开，切勿提前松手，否则底部丝线很容易打结或反卷。右手的刷子离开丝线以后，左手要立刻接替上去，把绒排拉住，这样始终让这份丝线的底部保持拉拽受力，整组丝线才不容易散乱。

04 上图是两个错误示范。注意不要用刷子侧面刷绒，要用刷子的正平面，刷子表面要与丝线平行贴合；切勿太用力，把丝线嵌入刷子里，否则丝线很容易打结、起球。

05 整体梳理好的绒丝，如图右侧所示，绒丝并不是一绺一绺的，而是一丝一丝的，整体蓬松绵柔，像棉花糖一样。

06 如果发现自己梳绒后有过多的线结或蓬松度不够，可以试着用42齿纺织钢梳手动给绒丝开绒。如图所示，开绒时将梳好的绒排一分为二，先处理其中一半。左手手指夹紧绒排，不要松手，右手拿着钢梳从上往下刮，刮时要干脆利落，不要有卡顿，否则丝结会越来越大。

07 把所有丝结全刮到绒排最底端，剪掉不整齐的地方。

08 处理好的丝线状态如图所示。

09 如果梳绒过程中发现丝线有"炸毛"的情况，就是起静电了，可以用湿巾稍微擦一下，不推荐用水壶喷水，不然丝线容易被打湿，梳绒就很麻烦了。如果梳绒时发现丝线夹子容易位移，可以用大夹子夹住架子底端和桌面进行加固。

小贴士
如果梳绒期间发现丝线怎么都梳不开，很有可能是线的问题，可能是线上面附着的柔顺剂过多（需要自行清洗处理），可能是线所处的环境过于潮湿（如南方的梅雨季），可能是用错了刷子，也可能是梳绒力度不对。具体原因可根据实际情况去判断。

排绒

排绒指将梳好的绒排列整齐并做固定。

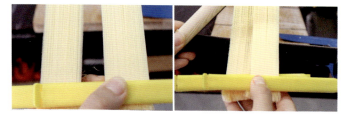

01 整个绒排梳理好以后，将其分为两份，确保丝线处于平行状态，将其用食品密封夹固定。将两份绒进行平移合并（这样处理的目的是不让绒排中间的丝线堆叠，从而影响绒条开绒效果）。

02 合并后用另一个密封夹做整体固定，替换掉之前的两个夹子，使其合二为一，如感觉密封夹夹不牢固，可将夹子两头各绑一根皮筋，或者替换成有海绵层的木头夹子。如果绒排两边丝线出现松垮的情况，尽量用手拉拽着处理整齐。固定好以后，确认绒排宽度在4~4.2cm。

03 将木棍两头的皮筋朝里推，卡住绒排两端，这样绒排宽度不易变形。在木夹子下端夹好另外一个铁夹子。

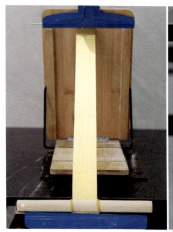 

04 夹好以后垂到桌沿上即可。利用夹子本身往下坠的重力把绒排拉紧，切勿把绒排下端直接用大夹子固定到桌面上，否则整个绒排被绷得太紧，铜丝没有拴上去卡牢的余地，后面剪绒条时就容易掉绒。

05 如果铁夹子重力不够，可以酌情考虑往上面加一块吸铁石或挂一个小铁球，增加重力。

小贴士
固定好以后。可以用湿巾轻微擦一下绒排两侧以及绒排表面起毛的地方，将炸毛的丝线抚平，防止拴铜丝时绞丝。

拴铜丝

拴铜丝指把铜丝均匀整齐地拴到绒排上。

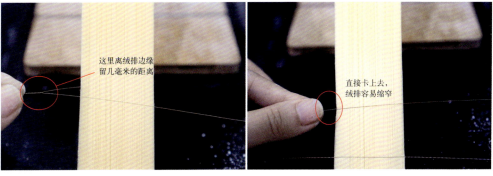

这里离绒排边缘留几毫米的距离

直接卡上去，绒排容易缩窄

01 拿出准备好的铜丝，搓好的一头在左边，张开的两根铜丝一前一后夹住绒排。注意搓好的这一头并不是紧紧卡在绒排的左侧，而是离绒排左侧边缘有几毫米的距离。

02 如果卡得特别紧，会出现发力不均使绒排变形的情况。

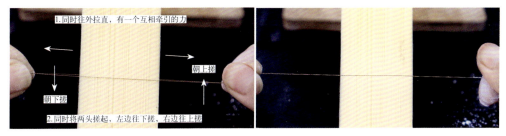

1.同时往外拉直，有一个互相牵引的力

朝上搓

朝下搓

2.同时将两头搓起来，左边往下搓，右边往上搓

03 左右手同时配合，将铜丝拉紧，拉紧的同时，左手朝下右手朝上将铜丝搓起来，这里发力非常重要，左右手互相朝外拉是牵引的力，左下右上搓铜丝是搓起来的力，二者同时做到，才能保证绒排不会被缩窄，一旦只注意搓，忘记了往外拉，整个绒排就会被缩窄。

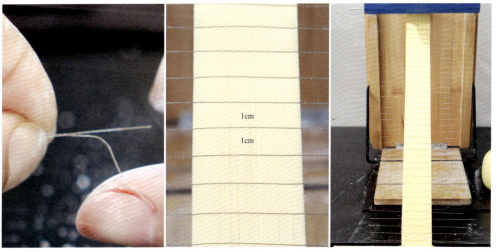

1cm

1cm

04 如果新手徒手搓不起来右边的铜丝，可以两只手互相配合，先拧一个朝上的螺旋结构再搓。

05 拴铜丝时，尽量保证铜丝之间间距一致，保持在1cm，铜丝不要打弯和扭曲。

06 拴好的绒排如图所示。

剪绒条

剪绒条指用大剪刀挨个把拴好的铜丝剪下来。

01 拆下下面的大夹子，把整个绒排取下来。

02 剪掉最上面和最下面的绒丝，将绒排朝外对折后放到手掌上，开始剪绒条。（这里采用的是北派托剪的方式，如果不适应此方法，可改用南派的挂剪。）

03 在牛皮垫、手工切割板或光滑的木板上面均匀地剪绒条（这里剪绒条用到的是剪刀中前端，切勿用剪刀尖头端和根部去剪），剪绒条时尽量一气呵成，中间不要有停顿。绒条剪下来时也要排列整齐、均匀。

对绒

对绒指将剪好的绒条的绒丝尽量对齐，方便我们下一步的处理。左右手配合拉紧绒条，在桌沿或木板侧面将绒条以铜丝为对称轴顶着对齐。对齐后左手拉紧不动，右手轻轻朝外将绒条搓起来。

搓绒

搓绒指将搓起来的绒条加密，使其更饱满密实。

左手捏着绒条铜丝，右手拿搓丝板小木块，将绒条右侧的铜丝放置到大木块上，匀速发力朝前搓。将铜丝搓紧以后，停下来。（铜丝搓紧的状态是快要搓断但没有搓断的那个临界值，这步需要多做练习，找到最适合自己的搓铜丝的力道。）

基础绒条制作完成

以上步骤完成以后，就会得到如图所示的基础绒条。

小贴士

① 请在梳绒前确认好自己所用丝线的种类，有些丝线，例如苏绣线、湘绣线，是需要劈开丝以后才可梳理。

② 梳绒时切勿盲目使用牙刷、鞋刷等非专业工具。

③ 大剪刀和小剪刀都有各自的用途，不可互相替代。

④ 铜丝不可留得过长，否则会影响剪绒条和对绒。

四、细绒条与长绒条的制作方法

问：细绒条和长绒条的标准是什么？

答：根据笔者丰富的教学经验，通常绒条的粗细为3mm或以下即为细绒条；而长度达到或超过5.5cm的则可视为长绒条。

制作细绒条，关键在于调整铜丝之间的间距，间距越窄，制成的绒条就越细；反之，间距越宽，绒条则越粗。尽管技术上可以从粗绒条逐渐修整至细绒条，但这种方法耗时较长且浪费蚕丝，因此并不推荐。

制作长绒条，重点在于改变绒排的宽度。绒排越宽，制作出的绒条就越长；绒排越窄，绒条越短。此外，长绒条的制作还面临一个挑战，即绒排的汇集与固定，此部分在此不再赘述。下面进行细绒条与长绒条制作方法的演示。

细绒条（短款）制作步骤

01 按照图示准备好绒排，8组线，绒排宽度3.5cm。

02 梳好绒，整理好并做固定。（这里省略了一些步骤，请在上一节认真学完所有步骤以后再来做此绒条。）

03 抽出一根搓好的铜丝对比一下铜丝是否过长，通常，这种细小的绒条需要的铜丝也相对要短，以绒排宽度占铜丝的三分之一为佳，铜丝过长会影响接下来的操作。如果铜丝过长，可以剪短后使用。

铜丝过长⊗

铜丝长短适中⊘

3mm
3mm
3mm

铜丝间距尽量做到3mm

04 铜丝间距定为3mm。（这里的铜丝间距如果初学者觉得过窄，做不到的话，可以酌情增加到4mm。）

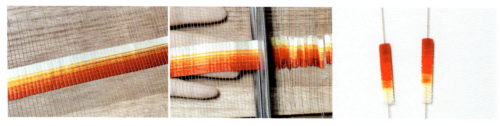

05 挨个拴好铜丝，依次剪下。（注意，如果之前铜丝留得过长，到这里往下剪就会很费力，铜丝也会容易掉，这就是前面反复强调铜丝长度的原因。）

06 按照正常步骤对绒、搓绒即可。

小贴士

① 尽量控制好铜丝间距，铜丝两头要拉直，否则剪绒条时容易掉绒。

② 铜丝长度要及时调整。

③ 做细绒条时，剪刀质量非常重要，如果大家在剪细绒条时觉得非常费力的话，那么就要考虑磨剪刀或换一把质量更好的剪刀。

④ 做细绒条时，在前期掉绒是很正常的事情，新手切勿气馁。

01 按照图示准备好绒排，20 组线，绒排宽度6.3cm。

02 梳好绒，整理好并做固定。（这里省略了一些步骤，请在上一节认真学完所有步骤后再来做此绒条。）

03 长绒排的制作比较有挑战性，建议先专注于练习短绒条的固定技术，待技术熟练后，再逐步尝试处理更长的绒排。

04 铜丝间距定为4mm。

05 按照正常步骤依次剪下，对绒、搓绒即可。

小贴士
① 绒排越长越难拴铜丝，记得铜丝始终要绷紧、卡牢。
② 长绒条的汇集与固定很重要，千万不要松垮。

五、不同种类的线如何分量排线

由于目前市面上线材种类较多，在这里给大家计算好了一个等量换算的标准，可以酌情参考：一组线的量(112丝) ≈ 7根无捻苏绣线 ≈ 1根/1根半湘绣线（湘绣线情况特殊，有粗有细，可按照实际情况加量）≈2根俩仟家粗捻≈3根俩仟家无捻≈3根猫线≈4根暖央阁轻捻≈2根暖央阁微捻。

计算原理： 以无捻苏绣线的线量为基准，单根线包含16丝。若一组线由7根组成，则该组线总量为16×7=112丝。对新手而言，关键在于明确所购线的种类及其单根丝数，进而进行等量换算。例如，若所购为粗捻线，每根含60丝，则一组线应包含2根粗捻线（即60×2=120丝）。鉴于丝线种类的多样性，换算过程中允许存在40~50丝的误差范围。

提示： 一组丝的量并非固定不变的，而是依据制作者的个人习惯和需要灵活确定。这一量的设定紧接着与下一节绒条用量的计算公式相结合，并作为后续所有花型用量的基础。若您已具备自己的用量认知及计算方法，则无须拘泥于本文所提建议，更无须过分计较其正确性。

六、绒条用量公式

问： 绒条用量公式是否是判断用量的唯一标准？

答： 否，公式只是为了方便新手做推导，如果能熟练制作绒花，那么这个公式就不必参考，这里的公式只是笔者多年来的教学经验积累，每个人用量习惯不同，并非绝对唯一的算法。

基础公式

$3n$（3指的是三组的绒量，n指的是绒排宽度，值得注意的是这里的n必须是整数，例如2、3、4、5等）。此公式毛绒款、压扁款均适用，如果想要达到其他效果，请参考后面的公式变形。

举例：在绒排宽度为5cm时，可根据公式3×5得到15组的用量。

如出现特殊绒排宽度，可以采用四舍五入的方法。

例：① 绒排宽度为4.3cm时，用量计算可按照4cm的宽度，也就是3×4=12组。

② 绒排宽度为4.8cm时，用量计算可按照5cm的宽度，也就是3×5=15组。

③ 如出现卡在中间的情况，如绒排宽度为4.5cm，可以按照4cm的宽度计算好用量以后，再加1组的量，也就是3×4 + 1=13组。

公式变形

① 对折毛绒款：$3n$ + (2~4)组（如常见的茉莉、梅花等基础对折款花型）。

② 压扁款：$3n$ − (2~4)组（适用于所有的压扁款花型）。

③ 细绒条+长绒条（粗细在3mm及3mm以下的长绒条）：

a. **北派用量：** $3n$（请注意，这里的 $3n$ 和前面的 $3n$ 出来的效果是完全不一样的，这里特殊强调的是制作细绒条，因为绒条粗细不同，所以即使丝线用量相同，做出来的绒条视觉效果也不一样）。

b. **南派用量：** $3n$－（2~3）组（效果清透，比较推荐）。

一些额外的小知识点

问：做压扁款时，按照公式减完量以后丝线组间缝隙很大怎么办？

答：在总量控制得当的前提下，我们可以将原本每组七根的线调整为每组四根，这样一来，组数相应增加，自然能减少缝隙的产生。在保持线量不变的基础上，转变分组策略亦是一个可行的方案。或者，我们也可以选择不做特别处理，因为丝线在梳理过程中会逐渐膨胀，自然而然地填补可能存在的空隙。总之，大家只需遵循既定的流程，确保丝线得到充分的梳理即可。

问：做2mm细绒条按照公式做完露铜丝情况较为明显怎么办？

答：如果细绒条露铜丝，请自查以下原因。

① 是否绒没有完全梳开，对折的毛绒款和细绒条对梳绒的要求非常高，所以梳绒这一步切记不要偷懒。

② 处理丝线时是否选择用夹板拉直的方式，而且用的是夹板的最高温度，夹板温度过高会使丝线粘到一起，如果是因为这个原因，可以用镊子或钢梳把绒条刮一刮，给绒条手动开绒。

③ 丝线存在问题。可能因为厂家在生产丝线的过程中添加了过量的柔顺剂，或是由于空气湿度稍高，丝线未能完全干燥。对于新收到的丝线，建议尽快将其从密封袋中取出，并悬挂于通风处，以便与空气充分接触，使丝线上的附着物自然挥发。若需即刻使用，可尝试将丝线浸泡于约60℃的温水中约15min，随后使用去油洗发水或真丝专用洗涤剂进行清洗，再以清水冲洗干净并自然阴干后使用。请注意，泡水时部分颜色可能会析出，此为正常现象，请避免将不同颜色的丝线一同浸泡。

此外，有人提出使用散粉、爽身粉、镁粉或干发喷雾来中和丝线上的油性物质，这些方法虽可尝试，但仍推荐清洗后再使用，以确保使用过程更为便捷。

④ 可能因对自我要求过于严苛。需意识到铜丝实为绒条不可或缺的骨架结构，无论尝试增加或减少其用量，细微的铜丝痕迹总难以完全隐匿，但只要在可接受的范围内，便无须过分纠结。初学者在练习过程中，应避免陷入追求绝对完美的误区，以免陷入不必要的困扰。此外，可考虑采用经过返色处理的退火铜丝，相较于传统的灰色铜丝，返色铜丝的视觉效果会更好。

七、绒条的混色与掺色

问1：混色和掺色有何不同？

答1：混色，即将色彩差异较为明显的丝线进行深浅交错的排列，以此实现绒排颜色的自然过渡；掺色，则是将少量色彩掺入同一绒排的深色之中，使主色中融入副色，从而赋予绒条一种微妙的斑斓效果。

问2：如何判断绒排该不该混色或掺色？

答2：若线本身具备丰富的渐变色彩，那么在将绒排妥善拴系之后，其色彩也将呈现出自然流畅的过渡效果，则不需要混色或掺色；即便是非渐变色设计，通过低饱和度色彩的巧妙排列，呈现效果自然和谐，同样无须额外进行混色或掺色处理。如果出现颜色明显断层、颜色差距过大的情况，则需要混色，否则绒条整体的视觉效果就会有断裂感。

绒条的混色

苏绣线混色

方法一

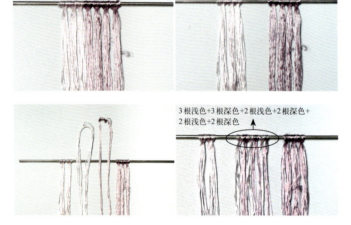

01 按照图示，找两份颜色差距不大、属于同一色系的线拴到棍子上，将两个色分开。

3根浅色+3根深色+2根浅色+2根深色+2根浅色+2根深色

02 把两个色交界处各推一组线出来，由于无捻苏绣线的通常用量是七根一组，那么单组的线就可以拆分成3根+2根+2根的组合模式，按照浅、深、浅、深、浅、深的排布逻辑依次拴好。

03 把丝线推紧整理好，无捻苏绣线的混色绒排处理完毕。

小贴士

此方法只适合颜色差距并不是很大的线，如果颜色差距过大，可参考下面的方法二。

方法二

一号色　　　二号色　　　三号色

01 按照图示找三种由浅至深且同一色系的线拴到棍子上。

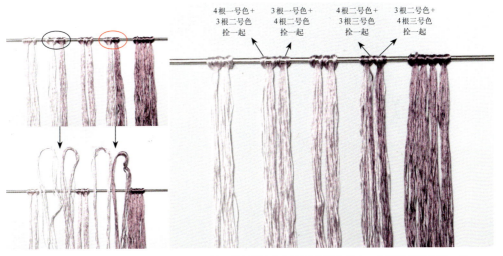

4根一号色+
3根二号色
拴一起

3根一号色+
4根二号色
拴一起

4根二号色+
3根三号色
拴一起

3根二号色+
4根三号色
拴一起

02 把两个色交界处各推一组线出来。

03 将深浅线进行如图所示的拆分组合，使深浅色混合到一起。

04 把丝线推紧整理好，第二种无捻苏绣线的混色绒排处理完毕。

湘绣线混色

方法一

01 先明白湘绣线的结构：两小根合为一大根，所以湘绣线需劈开使用。

02 这套绿色湘绣线一共有七种颜色，虽然这套色的色阶已经很全，但是渐变效果还不是很自然，如果直接做成绒条会有截断感，所以依旧需要混色。我们将七种线各取一根进行排线，一共排七组。

各抽取一根

一根劈成两根排列好

03 将每组线中的一大根绒条劈开，分成两根，挨个排列好。

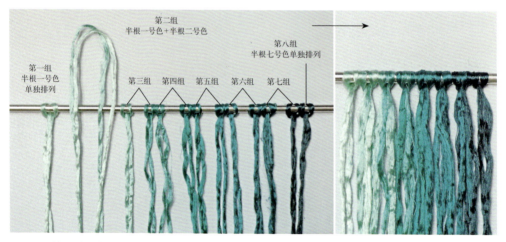

第一组
半根一号色
单独排列

第二组
半根一号色+半根二号色

第三组 第四组 第五组 第六组 第七组

第八组
半根七号色单独排列

04 按下列顺序进行混色排列：第一组（半根一号色）、第二组（半根一号色+半根二号色）、第三组（半根二号色+半根三号色）、第四组（半根三号色+半根四号色）、第五组（半根四号色+半根五号色）、第六组（半根五号色+半根六号色）、第七组（半根六号色+半根七号色）、第八组（半根七号色），共8组，将线推到一起，混色完毕。

小贴士

此方法作渐变混色，只适合颜色差距并不是很大的线，如果颜色差距过大，可参考下面的方法二。

方法二

黄色　紫1　紫2　紫3

01 按照图示找四种色（黄色到紫色渐变过渡）的线拴到棍子上。

02 从左至右先处理黄色和紫1的混色，在黄色和紫1的颜色相交处各推一组出来。

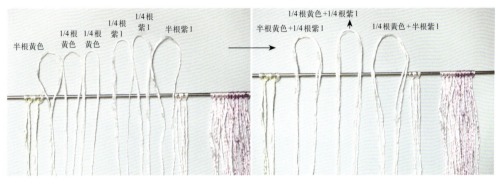

半根黄色　1/4根黄色　1/4根黄色　1/4根紫1　1/4根紫1　半根紫1

半根黄色+1/4根紫1　1/4根黄色+1/4根紫1　1/4根黄色+半根紫1

03 将一根黄色和紫1湘绣线拆分成：半根 + 1/4根 + 1/4根，再将其混合到一起，混合规律是：半根黄色 + 1/4根紫1、1/4根黄色 + 1/4根紫1、1/4根黄色 + 半根紫1。

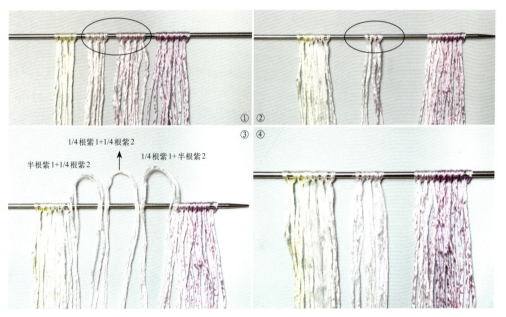

① ②
③ ④

半根紫1+1/4根紫2　1/4根紫1+1/4根紫2　1/4根紫1+半根紫2

04 按照同样的方法混合紫1与紫2。

05 按照同样的方法混合紫2与紫3，不同色调的湘绣线绒排混色完成。

绒条的掺色

掺色与混色相比，需精确计算比例，其技法与视觉效果颇似北派经典技法"撒花"。依据所需效果，掺色同样可细分为两类。接下来，为大家讲解具体的操作细节。

截断叠加掺色

准备工作

这里主色和副色的比例是2：1，绿色占比2/3，黄色占比1/3。

如何判断用量？下面请跟随笔者的思路进行思考。

第一步：先定叶子大小，也就是绒排宽度，这里笔者将其定为4cm。

第二步：再定总体用量，也就是全部丝线的总量。按照本章第六节公式推算：3×4－3=9（组）。

第三步：根据比例划分出排色组数量，绿色量多，大致上可排6组，黄色量少，按照比例可排3组，两组要分开拴，到这里截断叠加掺色准备工作完成。

截断叠加掺色操作步骤

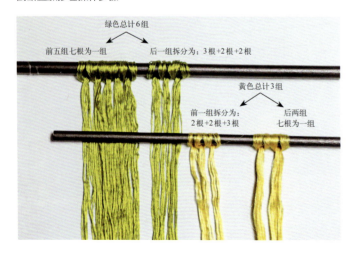

01 按照图示排好线，把绿色绒排最右边、黄色绒排最左边的一组线都拆分成3根＋2根＋2根的状态。

02 分别梳好绒，在拆分处把两个绒排叠加固定，这样不同色就互相叠加到一起，绒排宽度3.8cm。

03 叠加好的绒排如图所示。

04 铜丝间距为2cm，按照正常步骤做出绒条。

05 可以压扁看一下效果。

整段叠加掺色

准备工作

　　这里主色和副色的比例是3：1，绿色占比3/4，黄色占比1/4。

　　如何判断用量？下面请跟随笔者的思路进行思考。

　　第一步：先定叶子大小，也就是绒排宽度，这里笔者将其定为4cm。

　　第二步：再定总体用量，也就是全部丝线的总量。按照本章第六节公式推算：3×4 - 3=9（组）。

　　第三步：根据组数我们可以算出一共用了7×9=63根线，绿色占比大约是48根，黄色占比大约是16根，两组要分开拴，绿色四根一组共排12组，黄色两根一组共排8组，到这里整段掺色准备工作完成。

整段叠加掺色操作步骤

01 分别排好绒。

02 在拆分处把两个绒排叠加固定，绒排宽度为3.8cm。

03 这样不同色就互相叠加到一起，铜丝间距为2cm，按照正常步骤做出绒条。

04 可以压扁看一下效果。

05 大家可对比一下两种掺色方法出来的效果。

混色与掺色混合运用

此类方法可以混合多种颜色，使叶子呈现斑斓的效果。

操作步骤

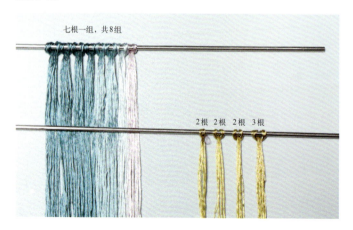

七根一组，共8组

2根 2根 2根 3根

01 按照图示排好色。

02 左边绒排按照苏绣线混色的方法二混好色。

03 将两个绒排叠交，绒排宽度为4.3cm，铜丝间距为2.2cm。

04 压扁看一下效果。

05 最终定型剪完形状以后的颜色如图所示。

总结： 实际上，颜色的变化与排布，以及掺色的配比，都极具灵活性。一旦我们深入理解了其内在规律，就会发现，并不需要依赖过于复杂的公式推导。这正是"大道至简"的深刻体现。然而，对于笔者而言，清晰地阐述自己的思路和排布规律至关重要，这有助于新手们更好地领会与借鉴。一旦度过了新手阶段，便可以抛却公式的束缚，随心所欲地创作。

八、绒条打尖

徒手打尖

操作步骤

01 左手大拇指、食指捏着绒条铜丝头部，轻轻转动。

02 右手拿剪刀，可将剪刀刃压到左手中指与无名指处，增加稳定性。

03 左手捏着绒条转动的同时，右手剪刀轻微开合剪掉多余的绒丝，在底部可以找个容器接剪下来的碎绒。

刹活罐子辅助打尖

操作步骤

01 左手大拇指、食指捏着绒条铜丝头部，轻轻转动，左手靠扶在罐口沿。

02 剪刀压在罐口，用剪刀刃压住绒条进行修剪。

03 如果剪刀口碎绒较多，可以先闭合剪刀刃，在罐口处轻微磕一下，把碎绒震下来。不可在剪刀刃张开的时候磕，切记！

小贴士

如果在修绒时剪刀出现卡顿的情况，说明剪刀刃里面夹进了碎绒，要先拿纸巾擦拭干净，尤其是靠近剪刀螺丝口处，要多擦几遍。

九、本书中的一些特有名词及其解释

1. 绒排宽度

绒排宽度指铺好绒以后整个绒排从左至右或从右至左的宽度，为了确保后面花型的数据统一，此名词会贯穿全书，请在"基础绒条制作方法及流程"那一节结合图片认真理解。

2. 绒条长度

绒条长度是指绒条完全搓紧以后的数据，"绒排宽度"决定"绒条长度"，"绒条长度"可以反推出"绒排宽度"，"绒排宽度"一定大于"绒条长度"。（此处不理解没有关系，后面大量地练习过后可以返回来看这些解释。）

3. 铜丝间距

铜丝间距指拴铜丝时相邻铜丝之间的距离。

4. 绒条宽度

绒条宽度指绒条做好以后，绒条本身的粗细。"铜丝间距"决定"绒条宽度"，"绒条宽度"可以反推"铜丝间距"，"铜丝间距"一定大于"绒条宽度"。

5. 组数

组数指一个绒排用了多少组量的线。

6. 混色

混色指将颜色差距大的线做错位处理，深色中间混入浅色或浅色中间混入深色，具体操作见书中第三章第七节的演示。

7. 掺色

掺色指将颜色完全不同的色掺到一起，一般是量少的线随机掺入量多的线，与混色不同的是，掺色后制作的绒条更适合压扁造型，且掺色有一定的比例要求，具体操作见书中第三章第七节的演示。

8. 退火

退火指的是将金属缓慢加热到一定温度，保持一定时间以后再将其冷却的加工方式。目的是降低金属硬度，改善金属性能，增加金属的柔韧性。

9. 定型

定型指将花片涂抹发胶，使其变硬，方便各种花瓣的制作。

10. 掐丝

掐丝原本是花丝镶嵌的一种技法，运用到绒花方面则是指将金属丝围绕成所需的形状，将其与绒片黏合，做成类似点翠的效果。

密集型细绒条黏合花型

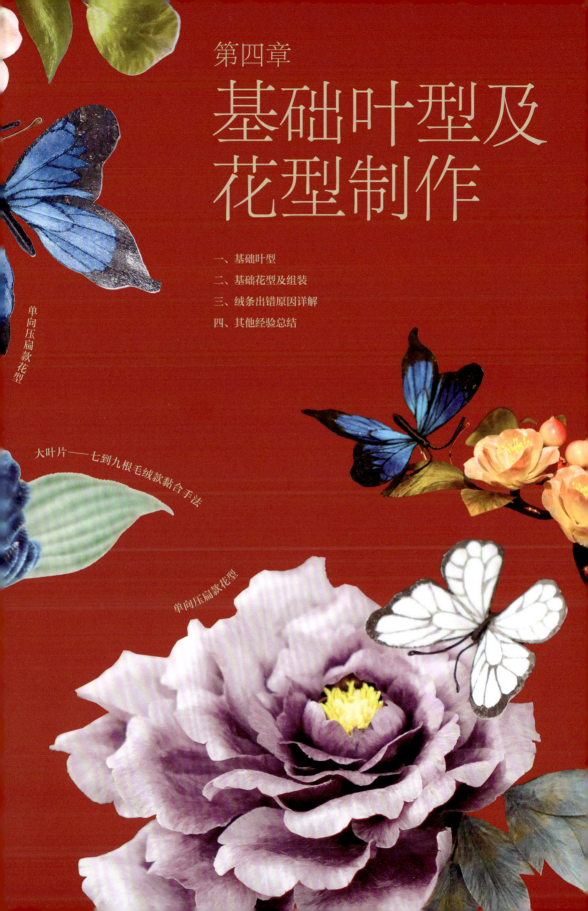

第四章

基础叶型及花型制作

一、基础叶型
二、基础花型及组装
三、绒条出错原因详解
四、其他经验总结

单向压扁款花型

大叶片——七到九根毛绒款黏合手法

单向压扁款花型

一、基础叶型

1. 普通长形叶——二至三根毛绒款黏合手法

（以毛绒款竹叶为例，适用于竹叶及其他细长型叶子）

重点总结

- 绒条形状尽量修到光滑且均匀。
- 黏合处胶量均匀即可，不要挤太多胶水。
- 黏合以后，绒条之间不要出现缝隙，尽量闭合严实。

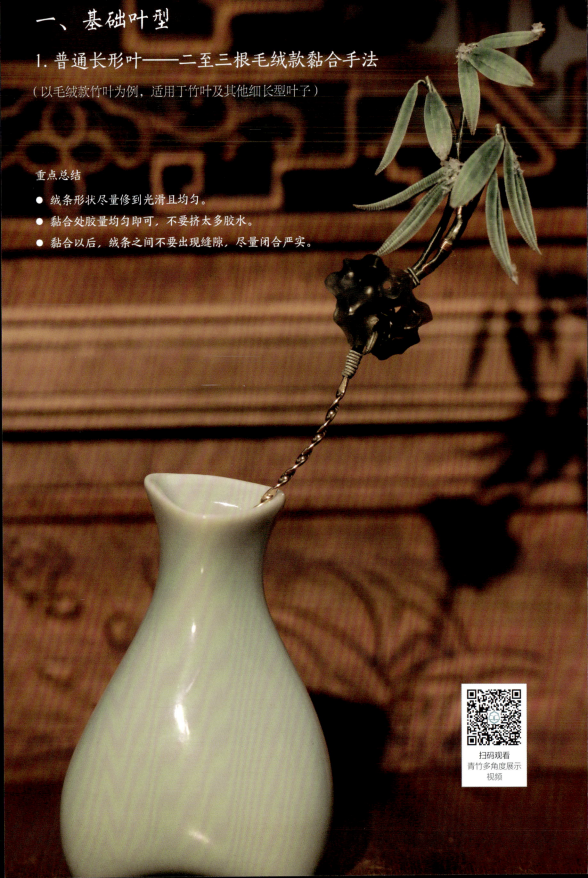

制作步骤

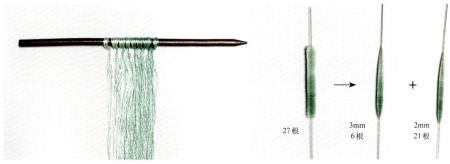

01 准备7组免劈苏绣线，绒排宽度3.5cm，铜丝间距3~4mm，用0.2mm铜丝制作绒条。

02 将27根绒条打尖修型，3mm粗的修6根，2mm粗的修21根。

27根　　3mm 6根　　2mm 21根

03 先将3mm粗的两根绒条为一组，在底部拧起来。

04 打好胶水。

05 拉着铜丝头将绒条合并粘起来。

3片

06 剪断铜丝头，两根黏合款的叶子制作完成，此类叶子共粘3片。

中间略高
两边略低且对称分布

07 准备3根2mm粗的绒条，依旧是在底部拧起来固定，但是要注意中间一根略高，两边对称分布且位置略低，中间和两边绒条的高低差距不要超过2mm。

08 拧好、固定好以后，在底部加一根0.3mm的不锈钢丝做支撑，并绑好线。

09 逐个剪去头部多余的铜丝。

10 以中间的绒条为对称轴，两边的绒条都向其靠拢，可用镊子适当刮一下绒条弧度，使其能顺利和中间的绒条合并。（只刮两边，不刮中间。）

11 将黏合处涂好胶水，确认无误以后将绒条并拢、粘牢。此类叶子共粘7片。

3片   7片

12 确认好黏合的叶片数量，准备组装。

0.9cm 0.5cm
0.7cm 0.4cm   0.7cm 0.4cm   0.5cm   0.8cm
一号   二号   三号   四号   0.5cm

13 分别将两种型号的叶片按照图中所示的位置和间距排列组合好，做出四片大叶片。（图中标注的数据为叶柄长度。）

在这里加入铜丝

14 下面以一号叶片为例，演示一下竹节的制作，在第三片叶子最下端的组合点加入一根0.3mm的保色铜丝，将铜丝缠绕包裹到杆子里。

15 将丝线往下绕0.5cm，之后将铜丝折出来，压着枝干绕5圈。

16 绕好5圈铜丝以后，再将铜丝压回去，继续用丝线将铜丝与枝干进行缠绕，再往下包0.5cm的枝干。

17 重复此步骤，做三个竹节。

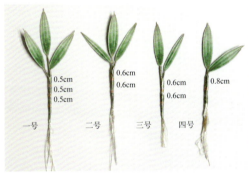

18 将4片叶片都做此处理，具体数据可参考图片。（图中标注的数据为竹节间距。）

19 将4片叶片按照图中所示的位置和间距两两组装在一起。

20 叶片可以用镊子在组装点往下折，这样立体感更好。叶片也可用镊子适当夹出一个弧度。

21 两片大叶子可以整体朝左掰一个弧度，调整好位置进行组合。

22 准备一颗仿太湖石和一个发簪主体。

一共有上下
两个固定点

23 将竹叶整体和发簪组装好以后，在最底端加入一根拴丝。

24 用拴丝固定好太湖石，同一个固定点可以多绕几圈。

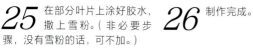

25 在部分叶片上涂好胶水，撒上雪粉。（非必要步骤，没有雪粉的话，可不加。）

26 制作完成。

2. 大叶片——七到九根毛绒款黏合手法

（以山茶花叶子为例，适用于各种花型的叶子）

重点总结

● 绒条形状尽量修剪得光滑且均匀。

● 黏合处胶量均匀即可，不要挤太多胶水。

● 黏合以后，绒条之间不要出现缝隙，尽量闭合严实。

● 绑绒条时，记得绒条底部要合到一起。

制作步骤

01 准备7组免劈苏绣线，绒排宽度3.5cm，铜丝间距3~4mm，用0.2mm铜丝制作绒条。

02 将绒条修成如图所示的形状。

这两根绒条对称分布且比中间的一根位置略低1mm

绒条与绒条的底部要挨在一起

03 在中间放一根绒条作为对称轴，以它为中线，在左右两侧对称地放置绒条，每一组的绒条位置都要比上一组略低，且注意每一组放置时绒条底部都是对到一起的（这很重要），依次放够7根。

1mm
2mm
2mm

04 为了方便新人更好地模仿学习，图中将绒条之间的间距用文字做了标注，新手可参考。

05 以中间的绒条为对称轴，依次把两侧的绒条刮弯，贴合弧度以后黏合。

06 7根绒条的叶子黏合完成。

07 可以用镊子把粘好的叶子稍微刮一下，使其叶尖外翻，使整体叶片更生动。

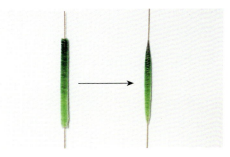

08 准备13组线，绒排宽度4.5cm，铜丝间距3~4mm，用0.2mm铜丝制作绒条。

09 将绒条修成如图所示的形状。

10 依旧在最中间放一根绒条作为对称轴，以它为中线依次左右对称放置绒条，每一组的绒条位置都要比上一组略低。

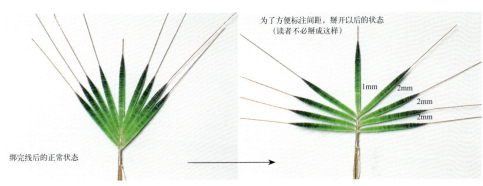

为了方便标注间距，掰开以后的状态（读者不必掰成这样）

1mm 2mm 2mm 2mm

绑完线后的正常状态

11 按照间距绑线时，正常状态是上方左图的样子，右图只是为了方便标注间距掰开的，此后的大叶片组合（如牡丹叶、荷叶）都是这样的标注方式，大家在自行操作时，只需量好间距并妥善绑好即可，无须像右图这样费力掰开。

12 依次塑形黏合，保证中间没有空隙。

13 9根绒条的叶子黏合完成。

3. 对半打尖叶——传统技法

（适用于抽象型的叶子）

重点总结

● 绒条形状尽量修剪得光滑且均匀。

● 尽量修对称，中间的对称点要修干净。

制作步骤

01 排20组线,绒排宽度6.5cm,铜丝间距6~7mm,用0.2mm铜丝制作绒条。

02 在绒条最中间的对称点处修剪,达到一根绒条上修剪出两根绒条的视觉效果。

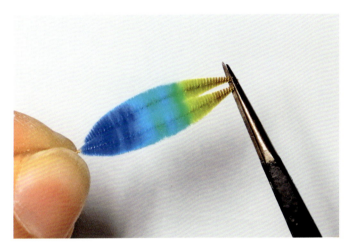

03 在对称点处对折,做出一片叶子。

04 共制作10片叶子,按左图组合好后备用(与基础花型五瓣花进行组合)。

4. 单向压扁款——压扁手法的叶子

（以压扁款玫瑰叶为例，适用于各种中小型体积的花型）

重点总结

● 定型时，发胶不可涂太多。
● 夹板位置要下对。

方法一制作步骤

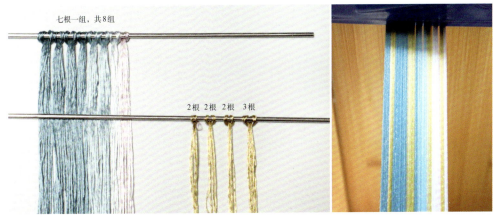

01 如图排好色，将两个绒排叠交，绒排宽度为4.3cm，铜丝间距为2.2cm，可用0.2mm铜丝或0.25mm
铜丝制作绒条。

02 剪去绒条头部的铜丝。

03 从底部往上过夹板（夹板温度在180~220℃之间），注意下夹板
的位置。

04 过好夹板的绒片如图
所示。

05 用毛笔或笔刷蘸定型液刷到绒片上（注意是刷不是泡，泡胶的
手法容易让绒片吸胶过多，从而让花片变形）。如果定型液刷得
过多，可以用其他干的未定型的绒片吸一下，吸去多余的胶水。刷完胶
以后，将花片插到海绵垫或泡沫板上，等待晾干。

06 晾干以后修型即可。

07 图示是绒条从蓬松到压扁再到定型的变化：在毛绒状态时，颜色会比选色时深；压扁以后颜色变浅；定型以后颜色又会变深。所以选色时要考虑清楚，选好色做出来的绒条要比选色时的颜色深一个度或两个度。

08 在叶子下方四分之一处粘好花艺铁丝，粘好以后用夹板压一下，高温会使叶片变软，用夹板压完之后，铁丝会嵌入叶片，从而给叶片加固。

09 顺手夹一下叶片四周，利用夹板的温度使叶片变柔软，然后迅速塑形，给叶子做不同的形状。

10 叶子制作完毕。

方法二制作步骤

01 按照图示排好色，共18组线，绒排宽度6.5cm，铜丝间距2~2.2cm，可用0.2mm铜丝或0.25mm铜丝制作绒条。

02 根据想要的叶子大小，在绒条任意位置剪开。如果想要一样大小的，可以对称剪开；如果想要不同大小的，可以四六分或三七分。

03 单向压扁以后定型。

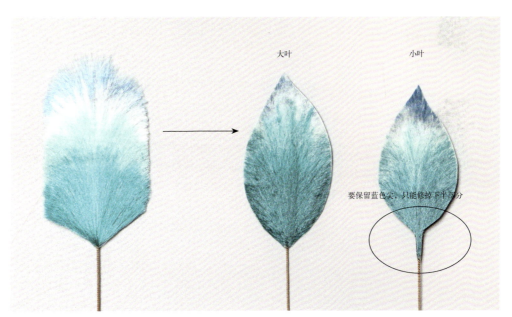

大叶　　　　　　　　小叶

要保留蓝色尖，只能修掉下半部分

04 等胶干了以后，可以进行修剪。如果想要保留叶尖的蓝色，那就要保证剪时是对半剪开的；如果想要大小不一的叶子，且小叶子保留蓝色叶尖，那么在剪形状时要剪掉下半部分，保留上半部分。

小贴士
沾了发胶的刷子用完以后要及时用95%的酒精进行清洗，否则刷子容易发硬。

二、基础花型及组装

1. 对折款毛绒五瓣花

（以黄梅花为例，换色以后可适用于红梅花、茉莉、桃花等花型，此处会衔接之前做的对半
打尖叶子做一个完整的花型）

制作步骤

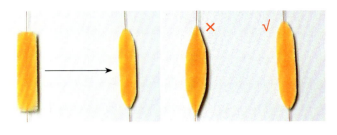

01 此处绒条是用第三章基础绒条制作方法制作的，修剪成如图所示的样子。注意不要将绒条两头修得特别细，造成两头与中间粗细差异过大的情况，不然弧度起伏过大，绒条对折起来后中间容易裂开。

02 将绒条对折，底部铜丝拧到一起，形成一个花瓣。

03 确保花瓣顶部没有炸开、漏缝、不整齐的情况。

04 与花蕊进行组合，五瓣为一组。

05 组合好以后，可以用镊子将花瓣轻微往上折，调整一下形状，做一个大花与一个花苞。

06 将前面准备好的对半打尖的叶子拿出来与花进行组合。

第一部分　　第二部分

07 依次做好两部分。

合二为一

08 将两部分合二为一，绑线尽量干净顺滑。

09 与小发钗进行组装，基础五瓣花制作完成。

10 更换绒条颜色，可以做成红梅花。

扫码观看
红梅花多角度
展示视频

2. 普通型细绒条黏合花型

（普通五瓣小花，万能型）

制作步骤

01 按照图示排好色，用量7*组线，绒排宽度3.2cm，铜丝间距3mm，可用0.2mm或0.18mm的铜丝制作绒条。

02 将绒条修剪成如图所示的形状。

03 绒条的排列顺序和间距如图所示。

04 塑形黏合，保证绒条贴紧，中间无空隙。

05 五个花瓣为一组。

06 将花瓣与花蕊组合。

07 普通型细绒条花型制作完成。

08 一共制作三个备用，在第六章制作牡丹时使用。

＊由于笔者制作时有的绒排组数做了组类的合并或拆分，图片所展示的组数可能与文字不对应，以文字标注为准。

3. 密集型细绒条黏合花型

（以山茶为例，换色后此花瓣的排版和塑形思路适用于牡丹、
玉兰等大花瓣的花型，此处会衔接之前做的七到九根毛绒款
大叶子做一个完整的花型）

扫码观看
山茶多角度
展示视频

花苞制作步骤

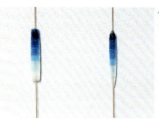

间距均为2mm

01 如图所示排好线，用线量7组，绒排宽度3.2cm，铜丝间距3mm，可用0.2mm或0.18mm的铜丝制作绒条。

02 将绒条修剪成如图所示的形状。

03 绒条形状与排列间距如图所示。

内扣　外翻

4个　2个

04 将绒条黏合起来，一片叶片就完成了。

05 可以给花瓣抝一下造型，上图的左边为初始形态，右边则是用镊子往外调整了一下弧度，初始形态的花瓣做4个，往外翻的花瓣做2个。

06 与花蕊进行组合，三个花瓣为一组制成一个花苞。

07 如图所示，做两个花苞。

大花制作步骤

01 如图所示排好线，用量9组，绒排宽度4cm，铜丝间距3mm，可用0.2mm或0.18mm的铜丝制作绒条。

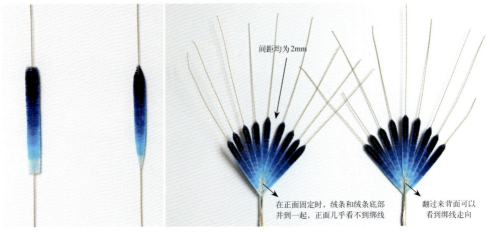

间距均为2mm

在正面固定时，绒条和绒条底部
并到一起，正面几乎看不到绑线

翻过来背面可以
看到绑线走向

02 将绒条修成如图所示的
形状。

03 绒条间距与排列形状如图所示。

04 对绒条进行塑形黏合，
一片大花瓣就做好了。

05 用镊子刮弯一下花瓣边
缘，使其略微往外翻，
一共做五个大花瓣。

06 与花蕊进行组合。

07 一朵大花组合完成。

08 在花瓣缝隙处涂一点白
乳胶。

09 在涂白乳胶的位置贴上
金箔。

10 山茶大花制作完成。

组装步骤

01 先将小花苞与一片七根绒条的叶子组合。

02 再组合一片七根绒条的叶子、一片九根绒条的叶子、一根枝干、另一个小花苞，所有的间距数据都已在图中标注。

03 将步骤02做好的部件与大花进行组合。

04 在大花下面再放置两片九根绒条的叶子。

05 往下绕4.5cm以后，加入一根0.3mm的褐色拴丝。

06 将枝干对折。

07 用钳子将对折处压平。

08 用丝线回包。

09 拴丝处也绕着包起来，与发钗进行组合。

10 毛绒款山茶制作完成。

4. 对折压扁款花型

（以压扁款山茶为例，换色以后这种压扁手法可用于单片花瓣
体积较大的花型，如牡丹、芍药、玫瑰等）

制作步骤

01 如图所示排好线，用线量15组，绒排宽度5.5cm，铜丝间距1.2cm,可用0.2mm的铜丝制作绒条。

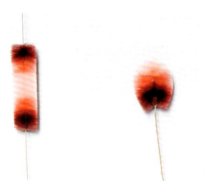

02 如果绒条能做到整洁干净、粗细均匀，就可以不用修剪，直接对折圈好。如果刚开始练手，绒条做得不够好看，建议参考基础花型中的五瓣花的形状进行修剪。

03 将夹板加热后从花瓣底部到顶部压扁，压扁后的花瓣如图所示。

04 切记不要直接从花瓣上方下夹板，一定是从根部开始往上走，不然花瓣纹路会被压乱。

朝里弯折弧度要自然

朝外翻折弧度自然

05 定型。

06 稍微等发胶氧化一会，在它未干时把花瓣的根部到中部朝里折。

07 将中部到头部往外翻。

用镊子将两侧边缘往外翻

两侧内收

正视图   侧视图

08 将花瓣两侧边缘往外翻。

09 将花瓣底部两侧往内收。

10 拗好形状的花瓣如图所示，第06~09步的制作原理是趁发胶未干时给花瓣塑形，俗称"湿拗"。

此处打个小缺口，修光滑

边缘也要修光滑

11 等花瓣干了以后，在花瓣中间处打一个小缺口，然后把缺口处修光滑，整体花瓣边缘也要修剪光滑。

12 与花蕊进行组合，三个花瓣为一组做内层，五个花瓣为一组做外层。

13 与之前做的单向压扁的叶子进行组合，一共用到4片叶子。

14 往下绕约4cm，然后回折包线。

15 与发钗进行组合。

16 压扁款山茶制作完毕。

5. 单向压扁款花型

（以蝴蝶为例）

（1）手绘款蝴蝶

扫码观看
手绘款蝴蝶
多角度展示视频

制作步骤

01 蓝色绒排用量12组，绒排宽度4.5cm，铜丝间距1.2cm，用0.2mm的铜丝，三根为一组，绒条下端稍微修剪后，压扁、定型、黏合。

02 绒条和绒条黏合时用白乳胶。

03 绒片黏合好可过一遍夹板（记得升温），使其黏合得更牢固。

04 三个绒条为一个翅膀，剪出想要的蝴蝶形状并画好花纹，画花纹的工具可以用丙烯马克笔，也可以用水性中性笔 + 黑色眼线笔。

05 在画好的蝴蝶翅膀上涂闪粉（也可以在绒片定型时就加入闪粉），涂闪粉时先要将发胶和95%酒精1：1混合，再加入闪粉，混合以后涂到绒片上。

06 取一根0.3mm的钢丝，用黑线起头缠绕，对折以后继续包线，包好以后的长度为3cm。（可按照自己的喜好调整长度。）

07 将长一点的钢丝往上折，继续包线，做另一根触须。

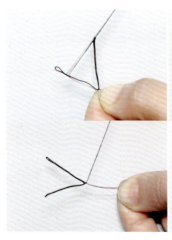 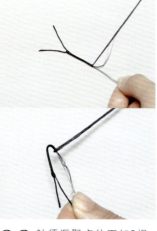 

08 两根触须用同一根钢丝制作完成。

09 触须汇聚点往下加2根0.5mm的铜丝/钢丝，用四股黑线加粗缠绕，缠大概3.2cm后对折，当作蝴蝶身体。

10 对折后继续缠绕，在蝴蝶身体的1/2处把多余的铜丝/钢丝压下来。

11 与翅膀进行组合。

12 蝴蝶可以单独和发钗组装，也可以和花进行组装，增加意趣。

（2）印章款蝴蝶

制作步骤

01 白色绒排用量11组，绒排宽度4cm，铜丝间距2.2cm，用0.2mm铜丝或0.25mm铜丝制作绒条。

02 绒条在保证干净整齐的情况下不用修剪，直接压扁定型。

03 拿出印台与蝴蝶印章。

04 在绒片上盖好图案。

05 盖好图案以后，将其沿着轮廓剪下来。

06 将四个修剪好的绒片面对面叠到一起，用线扎紧绑好。

07 绑好以后再把翅膀从中间打开。

08 加入蝴蝶身体（参考上一节的制作方法），印章款蝴蝶制作完成。白色蝴蝶的好处就是后续如果想变化颜色，可以在白色的基础上用珠光固彩进行染色。

扫码观看
柿子多角度展示
视频

制作步骤

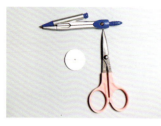

01 准备一个直径3～3.5cm的圆形卡片，图示直径为3.5cm。（卡片最好用圆规画，且把中间的洞戳大一点。）

02 准备一绞20～25g的生丝。（新手最好买无网且由商家分好的生丝。）

03 将生丝对折，用0.5mm的钢丝把丝线卡在杆子上。

04 将头部固定在架子上，从底部对折剪开。

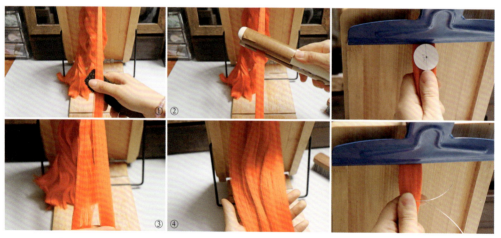

05 将生丝梳好。如果生丝弯曲或打卷，可以拿夹板拉一下。（用夹板时调到最低温，不要拿高温长时间去烫。）

06 取一根0.5mm的钢丝，先固定上端，钢丝与夹子之间留出一个圆片的位置。

07 钢丝可以绕两圈也可以绕一圈，只要能固定牢即可（但是不能为了固定去绕三圈或三圈以上）。往下继续间隔一个圆片的距离绕钢丝。

 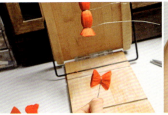

08 以每根钢丝为对称轴挨个剪下。剪生丝可以用一把不常用的大剪刀，切勿用剪绒条的剪刀。

09 如果察觉到有钢丝没有拧紧，可以用钳子挨个拧紧。

在此处涂水

10 用毛笔反复蘸水涂在钢丝周围。（注意，这里我们是控制范围点涂，目的是让水有范围地渗透到钢丝附近，不能拿喷壶大范围喷水。水要反复涂6~8次，直到钢丝附近被水打湿。）

11 找到侧面的中心点，用手指按下去。（一定是中心点，不要找偏了。）

在此处继续点涂水

12 两边都找到中心点按下去以后，继续拿毛笔蘸水点涂到中心点（反复涂三四次，正反面都涂）。继续拿手按压，边按压边把丝线毛流走线捋顺，不要有丝线交错折皱的情况。

13 拿手按压完成以后就像一个饼，只要水涂得足够多，按压结束以后两侧没有缝隙。

14 放置在木桩子上，再准备一个锤子。（锤子的表面面积要比球的面积大，并且锤子要求是表面平滑的皮锤，不要用石锤或铁锤，不然容易砸断钢丝。）

15 在绒球表面用锤子垂直锤下去，正反各锤四五次。（如果水涂得够多、绒球平面压得足够平的话，可以省略用锤子锤的步骤。）

16 锤完以后，用小圆片对着绒饼的中心点放置好。（小圆片的中心点正好对着绒饼的中心点。）

17 用剪刀沿着圆片的轮廓修剪。

18 拿一把镊子平行于钢丝，在绒球中间夹住绒球，另一把镊子把绒丝戳起来，可以放心戳在中心点去挑绒。（如果这一步有丝线被挑出来，说明有两个问题：一是钢丝之前没有拉紧和拧紧，二是钢丝刚刚被砸断了。）

19 如果绒球有裂缝的话不用着急，可以烧一锅水，利用开水的水蒸气熏一下。（熏的时候只是利用锅盖上的小孔出来的水蒸气，不要把锅盖掀起来熏。）

20 用弯头剪修剪绒球。

21 修剪完毕。

总结： 绒球制作方法很多，目前有用夹板压绒球的，也有用重力压的，但是笔者这里依旧是采取了传统的制作步骤，虽然烦琐，但是只要按照讲解的步骤认真做完的话，会有很高的成功率。将绒球换色后还能制作葡萄等。

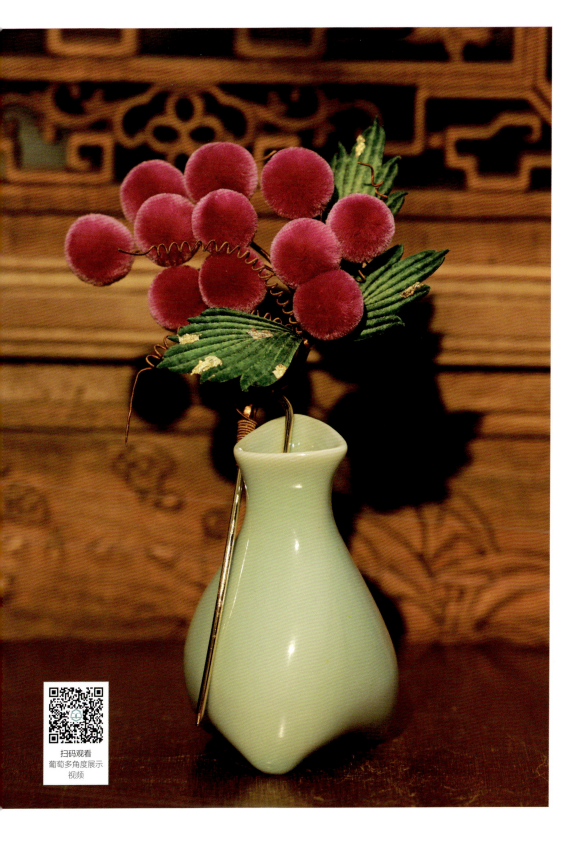

扫码观看
葡萄多角度展示
视频

095

三、绒条出错原因详解

以下经验均是根据笔者多年教学经历所得，并非百分之百准确，请酌情参考，并根据以下文字查找自己制作过程中出现问题的原因。

1. 绒条对折以后花瓣不平整等问题（这里的不平整指绒条对折以后，花瓣头部的丝线有裂开、漏缝、炸毛、掉绒等情况）

请自查以下步骤是否出了问题。

（1）在梳绒前是否给手或丝线抹了大量的护手霜？

若手部较为粗糙，担心剐伤丝线，建议修剪手部倒刺，或在睡前涂抹护手霜进行保养。但请避免在梳绒前涂抹过量护手霜，以免丝线粘连影响开绒效果。此外，丝线梳绒过程中产生静电属正常现象，此时可使用湿巾轻轻擦拭或放置加湿器缓解。务必注意，切勿直接在丝线上涂抹护手霜，以免丝线过油而相互粘连，导致绒排无法蓬松展开。

（2）绒排的丝线是否有左右交错或翻转的情况？

我们的要求是在拴铜丝之前，整个绒排的丝线大体要处于平行状态，切勿盲目自信给整个绒排整体梳绒，新手要梳拢绒排，可采取拼接整合的处理方式。

（3）铜丝是否拉直、搓紧？

铜丝如果没有拉直，整个绒条会很拧巴，绒条质感不通透。铜丝如果没有搓紧，整个绒条做完以后会有明显的漏缝、掉毛的情况。

（4）绒丝放量是否过多或过少？

绒量过多会导致绒条容易变形，并且铜丝撑不了很多的绒，整个绒条中间就会裂开。绒丝放量过少会导致绒丝掩盖不住铜丝轮廓，绒条中间也会有明显的稀疏痕迹。具体放量公式可查看本书第三章第六节。

（5）绒排是否有丝结没有清理干净？

整个梳理完成的绒排应当做到以下几点：

① 光滑（绒丝顺滑，不打结，不翻转）；

② 蓬松（只有蓬松的质感才能做出柔软又密实的绒条）；

③ 流畅（丝线从上到下保证流畅性和完整性）。

如果丝结没有被清理干净，就相当于绒排掺进了杂质，做出的绒条自然就不会清透完美。

（6）铜丝间距和绒丝放量也会决定绒条细腻度

如果铜丝间距在0.5～1.2cm，按照正常公式做出来的绒条绒感合适，那么对折的毛绒款合适的铜丝间距应该保证在0.8～1cm。

（7）对绒和打尖是否做到了流畅顺滑？

对绒这一步对绒条的光滑度至关重要。若在对绒过程中未能使铜丝居中，将导致搓出的绒条呈现明显的锯齿状。然而，即便绒条未能完全对齐，也无须过度担忧，只需保持相对规整即可。后续的打尖步骤将帮助我们进一步修整绒条，以达到更光滑的效果。若打尖后仍无法使绒条变得光滑，那么在后续的对折过程中，绒条可能会出现参差不齐、不规整的情况。

（8）是否是线的问题？

在加工过程中，线材接触到了顺滑剂及其他化学添加剂，或者脱胶后的丝线未彻底洗净，整根线便可能展现出"发油"的外观。若您发现丝线油腻、不易起绒，建议采用去油洗涤剂（如去油洗发水、真丝专用洗涤剂或洗洁精）进行清洗，随后彻底漂洗并自然阴干后使用。若您新购得线材且不急于使用，可不必立即清洗，但建议从包装袋中取出，避免长时间密闭存放，将其悬挂在通风处与空气充分接触。经过3～6个月的自然氧化过程，丝线表面的油腻感将会显著减轻。

2. 绒片压扁以后出现的倒绒、漏铜丝、花瓣不平整、铜丝痕迹严重等问题

（1）倒绒的原因

夹板温度不够，以至于花瓣上的绒毛没有被完全压倒，过一段时间以后，如果没有定型，绒毛则会炸起来。

（2）漏铜丝的原因

　　下夹板的位置有问题，夹板刚刚下去时的位置应该居于花瓣根部，不要平行于花瓣直接压，否则花瓣毛流不一致，会导致铜丝显露。这一步可参考山茶花瓣制作的章节。

（3）花瓣不平整的原因

　　原因之一是绒条本身没有做均匀，一边绒多一边绒少。还有一个原因是绒条内部丝结较多，绒条压扁以后会有坑洼不平的情况。这两个原因综合来看，其实都是绒条制作那一步不细心，虽然压扁可以掩盖一些技术上的不足，但是绒条越细腻，做出来的压扁造型越好看，所以压扁造型的绒条也要认真对待。

（4）铜丝痕迹严重的原因

　　夹板温度过高或过夹板的次数过多会导致绒片的铜丝痕迹很严重，建议过夹板次数不要超过三次。另外，过夹板时把花瓣熨平即可，千万不要过分用力给花瓣过大的压力，这样会把花瓣内的铜丝轮廓压出来。

四、其他经验总结

1. 线的质量很重要，新手买线切记不可盲目买太多，可以分散买样品试用。

2. 同一家店也有可能存在不同批次质量及颜色不统一的情况，这属于正常现象。（质量特别差的除外。）

3. 丝线打卷翻转属于很正常的情况，不属于质量问题，只要慢一点梳理，把绒全部梳开以后用夹板最低档温度拉直即可（不可用力夹线）。丝线干涩、打结严重、"小麻花"结过多，甚至没用力梳理就断开，这些情况才属于质量问题。

4. 如果按照书里的方法做出来的细绒条不够蓬松的话，可以用镊子刮一刮绒条，适当刮一下绒条会使绒条更蓬松。（注意不要过分用力把绒条刮弯。）

5. 如果读者所处环境过于干燥，那么在梳绒这一步可以在旁边放一台加湿器，不然静电过多会干扰梳绒。

6. 不要急躁，慢就是快。

荷叶

牡丹

第五章

丝光盈盈
——复杂款
压扁花型
制作

1. 玫瑰
2. 牡丹
3. 掐丝水仙
4. 荷叶
5. 鬓头花

牡丹

掐丝水仙

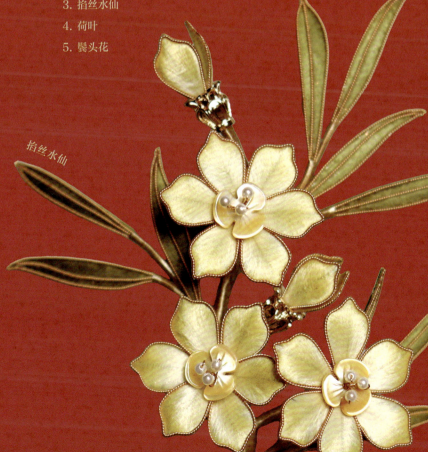

1. 玫瑰

　　我们现在常见的玫瑰，其实大多是月季，因为二者的英文名都是rose，所以都被翻译成玫瑰。作为世界知名的观赏植物，它常被精心栽培于庭院之中，成为一道亮丽的风景线。而将压扁的绒片巧妙融入玫瑰之中，更是赋予了花朵别样的质感与色彩。

制作步骤

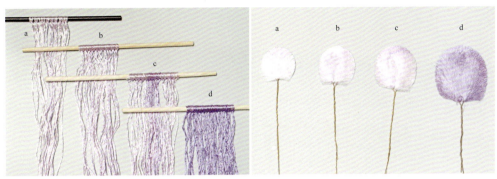

01 玫瑰属于大朵的花型，排色及用量都较为复杂，所以我们将绒排从左至右（从小至大）依次命名为
a、b、c、d，都用0.2mm的铜丝制作绒条。
a：用量10组，绒排宽度3.5cm，铜丝间距1cm。
b：用量12组，绒排宽度4cm，铜丝间距1.3cm。
c：用量15组，绒排宽度5cm，铜丝间距1.5cm。
d：用量20组，绒排宽度6.5cm，铜丝间距1.8cm。
确认绒条干净整齐以后可以不用修剪，直接对折压扁，如果绒条坑洼不平，则还需要修剪光滑。

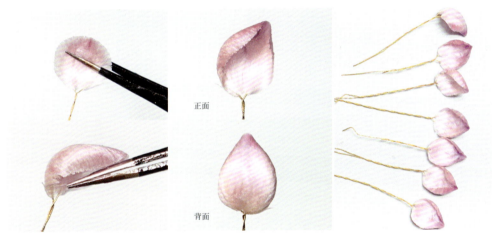

02 a花片定型以后，趁定型液还未干时用镊子把花瓣朝里翻，再把边缘往内扣。

03 塑好形状的a花片如图所示。

04 一共准备7片a花片，等花片全干以后，用剪刀修剪掉边缘的毛刺。

05 b花片定型以后，趁定型液还未干时用镊子把花瓣朝里翻，再把边缘往内扣，将顶部外翻。

06 塑好形的b花片如图所示，等花片干透以后，用剪刀修剪掉边缘的毛刺。

07 一共准备5片b花片。

c花片

d花片

08 c花片定型以后，趁定型液还未干时用镊子把花瓣朝里翻，再把边缘两侧外翻。

09 塑好形的c花片如图所示，等花片干透以后，用剪刀修剪掉边缘的毛刺。

10 c花片一共准备5片。d花片与c花片的制作手法相同，数量上要做6片。

第一层

第二层

第三层

第四层

11 先把最小号的a花片三个为一组，旋转着包起来，一片压着一片，第一层完成。

12 第二层放置4片a花片，第三层放置5片b花片。

13 第四层放置5片c花片。

14 第五层放置6片d花片，如果放置好后发现花瓣起伏程度不够的话，可以用95%的酒精将花瓣打湿，打湿以后可继续调整造型。

15 调整好的造型如图所示。

16 准备3片叶子。（用的叶子是第四章中掺色+混色的叶子。）

17 将花与叶子组合。

18 将花整体与木簪进行组合。

19 制作完成。

2. 牡丹

　　牡丹，被誉为"国色天香""花中之王"，其绚丽多彩、雍容华贵的特质令人赞叹不已。唐代诗人徐凝曾以诗颂之："何人不爱牡丹花，占断城中好物华。疑是洛川神女作，千娇万态破朝霞。"牡丹的花瓣层叠繁复，色泽斑斓多姿，不仅是大自然的杰作，更是富贵与吉祥的象征，深受世人青睐。

扫码观看
压扁款牡丹多角度
展示视频

制作步骤

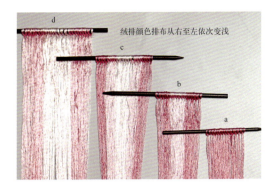

绒排颜色排布从右至左依次变浅

01 牡丹花片四个型号排色如图所示，从右至左（从小至大）依次命名为a、b、c、d，都用0.2mm的铜丝制作绒条。
a：用量13组，绒排宽度4.7cm，铜丝间距1.4cm。
b：用量17组，绒排宽度5.9cm，铜丝间距1.8cm。
c：用量22组，绒排宽度7cm，铜丝间距2.2cm。
d：用量26组，绒排宽度8.5cm，铜丝间距2.4cm。
注：d组的绒排如果用0.2mm的铜丝撑不住的话，可以酌情考虑用0.25mm的铜丝。

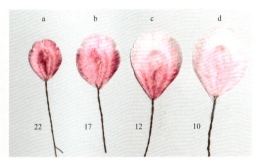

先打三个刀口

将刀口修剪光滑

02 以a花片为例，正常对折压扁定型以后要进行修剪，此类花瓣修剪时先打刀口，然后在有刀口的地方修剪光滑即可，避免不必要的浪费。

03 a ~ d花片的形状和数量如图所示。

04 准备好一片a花片，从花片底部到头部过一遍加热的夹板，顺着夹板的边缘将其烫出一个内扣的弧度。

往内扣的轮廓

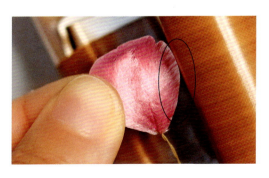

05 将花片两侧也用夹板边缘往内烫。（注意不要烫到手。）

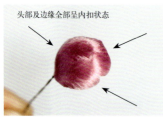

头部及边缘全部呈内扣状态

06 整个a花片呈现边缘全部内扣的状态。

b

b1　b2

07 b花片在烫形状时需注意，如图所示要烫b1、b2两种形状。

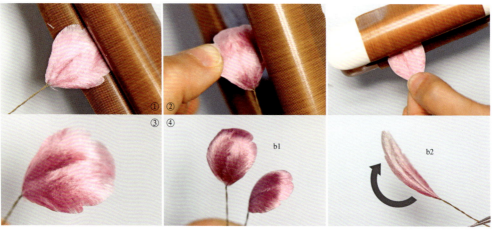

①　②

③　④

b1

b2

08 b1花片的烫法与a花片一致，先用夹板从下到上烫出内扣的弧度，再将边缘烫内扣，b1花片整体也呈现内扣的状态。

09 b2花片先从下往上整体烫出内扣弧度。

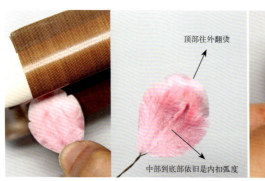

顶部往外翻烫

中部到底部依旧是内扣弧度

背面朝上

用夹板往内烫形

10 再将头部往外翻烫，使顶部出现往外翻的效果。

11 整体轮廓烫好以后，将花片背面朝上，在图示画虚线的地方（花片侧面）用夹板往内烫。

b2

正面

b2

反面

12 b2花片正反面效果如图所示。

13 c花片、d花片也按照b2花片的手法进行操作。

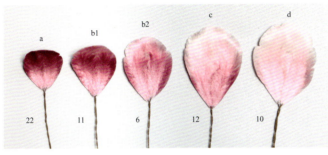

a   b1   b2   c   d

22   11   6   12   10

14 所有型号的花片及数量如图所示。

15 将两扎花蕊对折处理。

16 按照图示放好6个a花片。

17 接着放置5个b1花片。

18 下一层放置6个b2花片。

19 接着放置6个c花片。

20 将d花片两个为一组用丝线绑好，放置在最外层，绑丝线的目的是给花片做延长，在视觉上达到花片增大的效果。

21 延长以后可以用6个c花片在底部做遮挡。

22 用8个a花片做一个小花苞。

23 在刚刚做好的小花苞的基础上再加6个b1花片，便可以得到一个大花苞。

24 做好的大花和小花如图所示。

25 下面开始制作叶子，叶子的排色如图所示。左边叶子用量10组，绒排宽度4cm，铜丝间距2.3cm。右边叶子用量7组，绒排宽度3cm，铜丝间距2cm。

26 将叶子单向压扁后加固，并修剪出叶子的形状。

正　反

4组

正　反

2组

27 叶子数量如图所示。

28 将大花苞与叶子组合。

29 加入小花苞。（注意高低层次，大花苞的水平位置要比小花苞高。）

30 加入画好的白色蝴蝶。

31 将最后一组叶子背对着朝上组装。

32 与发钗主体绑在一起。

反折到此处

反折过来的叶子

33 固定好主体后，最后再把叶子按照图示方向反折回来。

34 整体花型制作完毕。

小贴士

发胶分为软硬两种，如果用加热烫型的手法（比如用烫花器和夹板加热），则选用软发胶；如果用湿拗的手法，则可以用硬一点的发胶。

3. 掐丝水仙

　　水仙花，又名凌波仙子、金盏银台等，与兰花、菊花、菖蒲并誉为"花中四雅"，同时与梅花、茶花、迎春花共称为"雪中四友"。本例旨在将掐丝技艺与压扁绒花巧妙融合，创造出一种趋近于花丝镶嵌的华美风格。

扫码观看
掐丝水仙多角度
展示视频

制作步骤

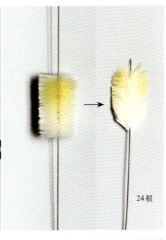

24根

01 将花瓣和叶子按照如图所示的颜色排列好。
黄色绒排用量5组线，绒排宽度2cm，铜丝间距1cm。
绿色绒排用量8组线，绒排宽度3.5cm，铜丝间距6mm。

02 准备好24根做花瓣的绒条，底部略微修剪后剪断头部铜丝，压扁定型。

03 拿出准备好的掐丝模板和0.3mm的保色黄铜丝。

04 将黄铜丝对折以后朝前拧，拧出螺旋结构后在搓丝板上加密。

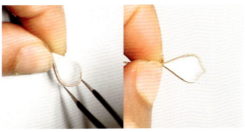

05 尽量搓到最大值。

06 用镊子辅助手，将铜丝围着掐丝模板掐出一个轮廓。

07 掐好轮廓以后，底部可以不用刻意拧起来，不然底部组装时会有疙瘩，显得枝干不均匀，黏合时再将底部合并。

08 在掐好丝的平面涂好胶水，并粘贴到花片上。

外翻一下
弧度更自然

09 轻轻过一下夹板，并将花片连带着掐丝一起夹弯，让其有一点往外翻的弧度。（此处夹板要升温到180~200℃。）

10 剪去掐丝轮廓以外的多余绒片，如果发现花片底部铜丝有不光滑的情况，也要适当剪去。

2个

11 三个花片为一组，组成一个小花苞，完成后在底部加一个金属花托，水仙花苞制作完成。制作2个这样的花苞。

12 按照图示串3颗2mm的贝珠和贝雕配件当水仙花蕊。

13 依次放置好6个花片，水仙花制作完成。

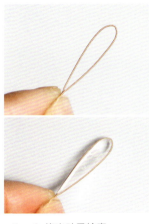

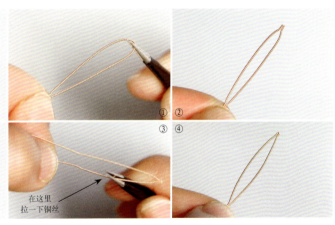

14 掐出叶子轮廓。

在这里
拉一下铜丝

15 用镊子调整一下头部，把头部掐尖，之后再用镊子调整一下中部轮廓，可以适当地拉一下铜丝，使其轮廓更饱满。

16 将叶子外轮廓的掐丝黏合好以后，再准备一根铜丝粘贴到叶子中间当内轮廓，一片对称的叶子黏合完毕。

往上顶着发力

左手掐着
底端不动

17 在原有对称叶子的轮廓上施加压力，左手掐着底端不动，右手掐着头部往上推，适当地使外轮廓变形，而后内轮廓也需稍微用镊子拗一下形状，按照步骤粘好外轮廓和内轮廓，不对称叶子黏合完毕。

18 所有叶子和花瓣一样处理，都要稍微过一下夹板，外翻一下做个弧度。

19 叶子数量与排布数据如图所示。

20 先组装一个花苞与一个大花，间距为2cm。

21 依次将叶子与花苞按照间隔数据放置好。

22 往下依次放置两朵大花。

23 放置最后一片叶子。

24 再往下缠绕2.3cm的枝干，之后加一根红色拴丝，将枝干回折。

25 拴丝绕好以后，把整个花型用另一根拴丝或用绑线的方法将其固定到发梳上。

26 掐丝水仙花制作完毕。

4. 荷叶

　　《尔雅》曰："荷芙蕖，其茎茄，其叶蕸……"荷叶，在古代被称为"蕸"。本案例巧妙地运用绒片交错层叠的纹理，精妙再现荷叶的脉络之美，并巧妙融入金属与玉雕元素，为作品平添一抹奢华与雅致，极大地丰富了观赏性。

扫码观看
荷叶多角度
展示视频

制作步骤

12根　20根

01 荷叶用了两个配色方案，绿色与棕色之间一定要做混色处理。总体用量6组线，绒排宽度2.8cm，铜丝间距1~1.2cm。

02 绿色绒条做12根，绿棕色绒条做20根。做好以后，略微修剪一下绒条下端，并作压扁处理。

03 定型。

04 将绿色花片边缘处抹好白乳胶，将两个花片黏合，黏合好后过一下夹板，使其粘贴得更牢固。

05 重复步骤04，使其粘贴成一个扇形，每粘贴一片花片都要过一次夹板。

①　②
③　④

06 加入绿棕色花片，整体粘贴成圆形。

07 用夹板给荷叶烫出弧度并修剪一下边缘。

08 在荷叶边缘处以及表面用打火机轻微烧一下，形成枯萎的效果，再用点燃的香烫出一个虫洞。

09 一片荷叶制作完成。

10 用绿棕色绒条以同样的方法制作出另一片荷叶。

11 用夹板将荷叶卷出内扣的弧度。

12 用打火机燎一下边，另一片荷叶制作完成。

13 两片荷叶形状参考。

14 将藕节配件用红色拴丝固定好。

15 将金属荷花小簪配件用线包好，并且在前端固定一根0.3mm的红色拴丝。

固定点在这里

垂直交叉

16 将所有配件如图所示进行组合，如果枝干长度不够，记得及时用0.5mm的不锈钢丝加固。

17 将0.3mm的红色拴丝进行造型上的处理，使其自然缠绕在上一片荷叶上。

18 在固定点放一个U形钗，发钗的走向和花型的走向是垂直交叉的。

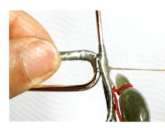  

19 将花型缠绕固定完成后，可在固定点处对折绑一根0.3mm的铜丝，绑好以后依次串入若干2mm的珍珠，将珍珠绕圈固定，最后将铜丝用线包裹绑好收尾。

20 荷叶钗制作完成。

120

5. 鬓头花

本例无特定花型主题，仅为花朵的纯粹抽象表达，红蓝色彩搭配既经典又不失复古韵味。

扫码观看
鬓头花多角度
展示视频

制作步骤

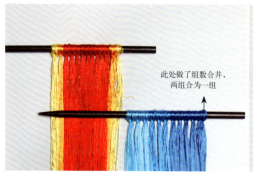

$\mathcal{01}$ 按照图示颜色排好花和叶子的绒排。
红色绒排用量13组，绒排宽度4.5cm，铜丝间距6mm。蓝色绒排用量12组，绒排宽度4.5cm，铜丝间距1.2cm。

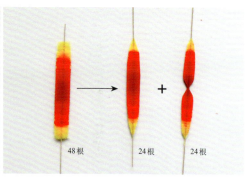

$\mathcal{02}$ 制作48根红色绒条。将绒条修剪成如图所示的形状。一半两头打尖，另一半对半打尖。

48根　24根　24根

$\mathcal{03}$ 将两头打尖的绒条圈起来对折，对半打尖的绒条直接对半剪开。按照图片示范的位置组合好并黏合。

$\mathcal{04}$ 黏合完成以后，将其压扁、定型、修剪，红色花片的基础轮廓制作完毕。

$\mathcal{05}$ 用烫花器将花瓣烫出朝里凹的轮廓。

正面　反面

$\mathcal{06}$ 烫好的花瓣正反面形状如图所示。

$\mathcal{07}$ 将珍珠与铜花蕊组合。

花片底部距花蕊2～3mm

$\mathcal{08}$ 组装花片时，花片的底部距花蕊2～3mm，3个花片组装在第一层，且花瓣正面朝上。

09 五个花片组装在第二层，花瓣反面朝上。

10 花片组装好以后，可在底部加入一个花托。

11 将发胶与闪粉混合，涂在花朵表面。（也可在花瓣定型时就混入闪粉。）

12 制作叶子的绒条先修形再单向压扁定型，按照荷叶的黏合方式，两片为一组黏合好。

13 按照掐丝模板掐出叶子轮廓，先粘好外轮廓。

14 再掐出内轮廓的形状，黏合好。

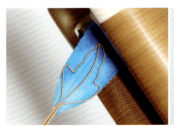

15 过一下夹板，做出一个弧度，并用剪刀剪去多余的绒片。

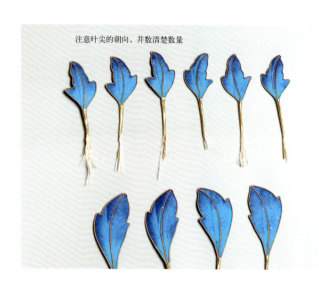

注意叶尖的朝向，并数清楚数量

16 一朵花所用到的叶子数量和大小如图所示。

2～3mm 小珍珠

17 准备好金属配件和珍珠。

18 将珍珠和叶片如图所示进行组装。

19 将发胶与闪粉混合，涂在叶片表面。（也可在叶片定型时就混入闪粉。）

1.4cm

20 组装时将其中一组叶子作为起点，往下包1.4cm的线，之后加入一朵花。

21 随即组装下一朵花和叶子。

22 将两组花叶按照图示数据继续组装。（图示数据仅作为参考，非唯一固定数值，读者可根据自身习惯适当调整。）

23 组装好最后一朵花和叶子。

24 将步骤22、23做好的部件组装在一起。

25 与发钗进行组合。

26 鬓头花制作完毕。

凤三多

第六章
花开富贵
——复杂款
毛绒花型
制作

1. 牡丹
2. 摇钱树
3. 凤三多
4. 荷花
5. 菊花

摇钱树

菊花

1. 牡丹

　　相较于前一章中的压扁牡丹，毛绒牡丹的制作对制作人的技艺要求更高。在绒条形状的精细修剪、巧妙黏合以及细致组装的过程中，每一步都需要倾注极高的细心与耐心，方能打造出既饱满又轻盈，且不失华丽之感的完美花型。

扫码观看
毛绒款牡丹多角度
展示视频

制作步骤

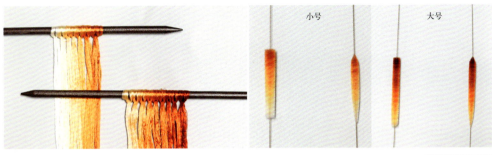

01 两个绒排排色如图所示，均用0.2mm的铜丝。
小号绒排用量7组，绒排宽度3.2cm，铜丝间距3mm。
大号绒排用量9组，绒排宽度4.5cm，铜丝间距3mm。

02 绒条形状修剪如图所示。

扫码观看
毛绒款牡丹花瓣
制作视频教程

03 三种花瓣的绒条排列顺序与间距如图所示，此处黏合塑形稍微复杂一点，仅看图示不能理解的读者可扫码观看视频教程。

04 3号花瓣每片形态稍有不同，见上图。

05 将花瓣与花蕊进行组合。第一层放3片1号花瓣。

06 第二层：在第一层的空隙处依次放3片2号花瓣。

07 第三层：依次把6片3号花片放置上去，可以适当把花瓣往外延伸几毫米，给花瓣做延长，视觉上增大花瓣。

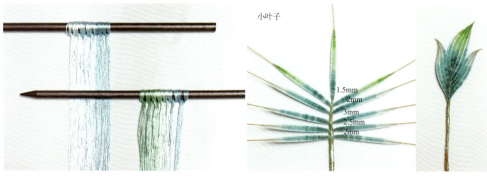

小叶子

1.5mm
2mm
3mm
2.5mm
2mm

08 叶子排色如图，用量均是7组，绒排宽度3.5cm，铜丝间距3mm，可用0.2mm或0.18mm的铜丝。

09 小叶子的绒条排列顺序和数据如图所示，排列好后进行黏合。

大叶子

1.5mm
2mm
3mm
4mm
2.5mm
3mm

10 大叶子的绒条排列顺序和数据如图所示，排列好后进行黏合。

11 本例用到的大小叶子数量和组装方法如左图所示。

大叶子

小叶子

①

②

1.5cm ③

④

⑤

12 在第77和第78页做的
五瓣细绒条黏合款的小
花可以拿出来和叶子先进行组合。

13 再与大花进行组合。

14 大花下侧再放一片小叶子。

15 准备主体。

16 和主体组合，在底部也
要固定好一根拴丝。

17 毛绒款牡丹制作完毕。

2. 摇钱树

　　此款花型的灵感源自故宫博物院珍藏的文物，巧妙融合了铜钱、葫芦、万字符等寓意吉祥的传统纹样。鉴于文物历经岁月，其样式或有所变形，笔者仅撷取文物精髓进行二次艺术创作。读者在制作过程中，也可根据个人喜好自由组合这些元素，享受自由排版的乐趣。

扫码观看
摇钱树多角度
展示视频

准备工作

绒排排色如图所示 数据从左往右依次是：

a.黄色云纹：用量11组，绒排宽度4cm，铜丝间距3mm；

b.绿色叶子：用量16组，绒排宽度6cm，铜丝间距4~5mm；

c.红色小绒条：用量7组，绒排宽度3cm，铜丝间距2mm；

d.小花绒条：用量7组，绒排宽度3.5cm，铜丝间距3mm；

e.大花绒条：用量13组，绒排宽度5cm，铜丝间距3mm；

f.铜钱绒条：黄色＋红色（最后两排），用量均为12组，绒排宽度4.8cm，铜丝间距2~3mm(以2mm为佳)，以上绒条均用0.2mm或0.18mm的铜丝。

制作步骤

为了方便制作，我们将整个花型拆分为叶子、花朵、云纹、铜钱四个部分进行制作，之后进行组装。

叶子部分

01 先将叶子绒条准备9根，全部对半打尖。

02 3根为一组，将其中一根在中心点对折，其余两根对半剪开。

03 如图所示，按照数据将绒条绑好。

0.4cm

0.5cm

04 用镊子将绒条顺一个弧度，把叶尖贴合到上一根绒条上并黏合。

05 黏合处一律在叶子背面，叶子一共要黏合3片。

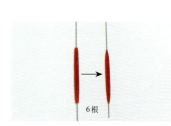  

6根

06 将红色绒条上下打尖，中间修平，总计6根。

07 将绒条折成如图所示的形状，剪去两头的铜丝。

08 重叠拼接，在重叠处用胶水粘好，形成一个"万字符"，总共做3个。

09 将做好的"万字符"粘贴到叶子上备用。

花朵部分

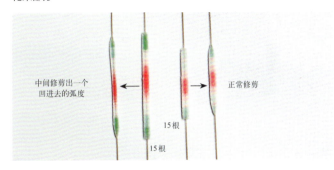

中间修剪出一个
凹进去的弧度

正常修剪

15根

15根

01 将大花和小花的绒条各
修15根，形状按照图
示修好，尽量将大花绒条中间修
得凹进去。

02 将小花绒条对折圈好，5个为一组。

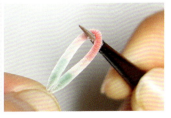

03 将大花绒条对折以后，拿镊
子将绒条中间往外顶一下。

04 将大花绒条对折，在绒
条中间形成一个圆环，
左右用力拉起来的时候可以拿左
手手指略微顶一下，使圆环闭合
得更紧凑一些。

05 用镊子将圆环下面的绒条朝里刮弯，在底部将绒条闭合。

06 大花绒条制作完毕。（也是
五个为一组。）

07 将小花绒条五个为一组，
组装成小花。

08 将大花绒条放置在小花绒条的间隙里，也就是插空组装。

135

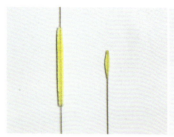

09 取云纹的一根绒条，截取一小段卷起来，当作花蕊。

10 将卷好的花蕊贴在做好的花中间，花蕊大小按照自己的习惯来修剪，笔者这里修剪了三个大小的花蕊，读者可以参考使用。三个花朵制作完毕。

云纹部分

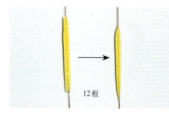

01 修剪12根绒条，上缓下尖。

02 两根绒条为一组，上下错开0.6cm的距离，用丝线固定。

03 进行弯曲塑形处理，六个云纹制作完成。

铜钱部分（铜钱制作比较特殊，这里暂时不说数量，先学会铜钱制作）

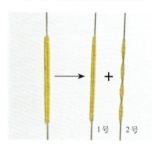

01 先将黄色绒条修成如图所示的形状，1号绒条为外轮廓，2号绒条为内轮廓，二者缺一不可，2号绒条为两份的对半打尖。

02 将外轮廓对折后调整成一个圆圈。

03 将内轮廓的绒条在中间对折，对折后将对角处用镊子压实。

04 在镊子所处的位置将这段绒条刮弯。

05 将绒条两边对称刮弯。

06 将其余两个对折点依次对折、压角。

07 压角完成以后，依次将绒条往外刮弯。

08 铜钱内轮廓完成。

09 将内轮廓和外轮廓合并到一起进行黏合处理。

10 铜钱制作完毕。

11 红色铜钱也按照同样的方法制作。

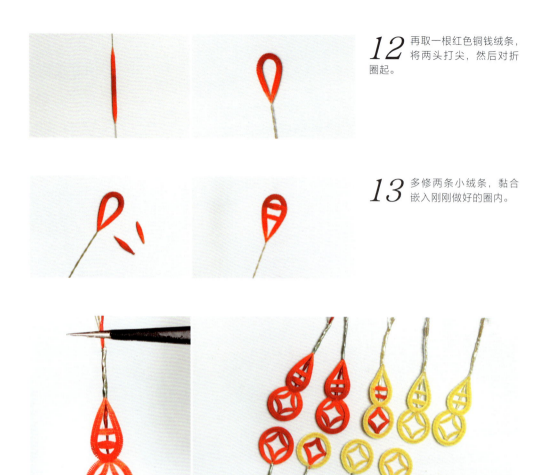

12 再取一根红色铜钱绒条，将两头打尖，然后对折圈起。

13 多修两条小绒条，黏合嵌入刚刚做好的圈内。

14 将上下两个圈合并后黏合，形状像是一个葫芦。

15 所需铜钱的数量与形状如图所示。

组合

0.6cm
1.5cm
0.6cm
1.1cm

01 按照图示间距将配件依次组装到一起。

02 在组装点处放置一朵小花，再往左右放置叶子和铜钱，1号部件完成。

03 2号部件也按照图示数据完成。

04 3号部件数据如图所示。

按照数据组装，此处也要放置一朵花

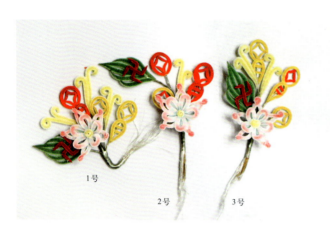

05 三个部件制作完成。

1号

2号

3号

06 将1号和2号部件组合。

07 将3号部件组装在最左边。

08 与发钗进行组合。

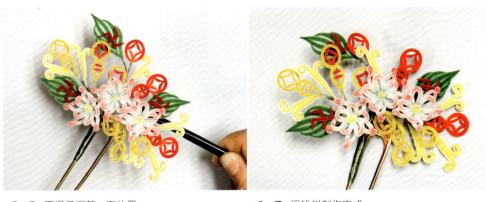

09 用镊子调整一下位置。

10 摇钱树制作完成。

11 此例还可以进行对称排版，参考上图。

3. 凤三多

　　"三多"意指多子、多福、多寿，乃中国传统吉祥图案之精髓，其根源可追溯至"华封三祝"。传统的三多图案常以佛手、桃子及石榴为纹样，分别寓意着智慧、长寿与繁衍。而在此例中，笔者巧妙地将石榴替换为铜钱，赋予了三多图案"多财、多福、多寿"的全新寓意。

　　至于"凤三多"，则是将凤凰这一吉祥、美好的象征与"三多"巧妙融合。凤凰在中国传统文化中，历来被视为祥瑞之兆，其出现常被视作天下安宁的象征。粉色凤三多为常见簪娘自学款式，蓝紫色凤三多属于传统北派样式，本例示范的是北派传统凤三多。

扫码观看
凤三多多角度
展示视频

制作步骤

三多

01 绒排排色如图所示，从左往右的用量依次是：
a：20组线，绒排宽度6cm，铜丝间距5~6mm；
b：14组线，绒排宽度4.2cm，铜丝间距5mm；
c：11组线，绒排宽度4.2cm，铜丝间距5mm；
d：13组线，绒排宽度6.5cm，铜丝间距4mm。
以上绒条均用0.2mm的铜丝。

02 将绿色绒条对半打尖，一共做11片叶子，其中5片按照图示做一片大叶子，其余小叶子留着备用。

03 修剪出12根粉色绒条，绒条形状如图所示。修好以后，在绒条头部最细的地方把它们绑起来。

04 绑好以后的形状如图所示。

05 将丝线往下绕2cm以后停下来，挨个把绒条拉下来固定好，固定好的形状如图所示。

06 将绒条用镊子挨个往下压，调整成桃子形状。

07 在调整好的桃子底部加入四片小叶子。

08 将佛手的绒条修剪好以后，在底部绑好。

09 在绒条中间找个折点折一下，将折好的绒条上下两段分别朝里刮弯，形成一个类似"3"的形状。

10 将佛手所有的绒条都按照这个方式进行处理，处理完成后在底部加两片小叶子。

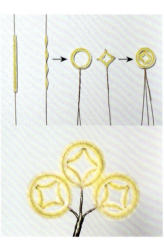

11 把黄色绒条按照之前做摇钱树的方法做出三个铜钱。

12 三多配件展示与组装。

凤凰

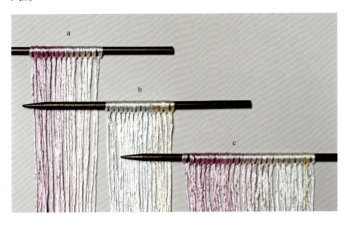

01 绒排排色如图所示，从左往右的用量依次是：
a：13组线，绒排宽度4.5cm，铜丝间距5mm；
b：14组线，绒排宽度4.8cm，铜丝间距5mm；
c：24组线，绒排宽度7cm，铜丝间距5~6mm。

02 先将c绒条打尖，形状和排列数据如图所示。

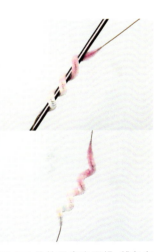

03 进行塑形黏合。

04 将尾巴上下层次排列好。

05 另外再拿出两根c绒条在毛衣针或铜棍上缠绕一下，使其有盘旋的形态。

06 将其与b绒条组合起来，做一簇小尾巴。

07 整个尾部组合完成。

08 将a绒条和b绒条修剪一下，形状和排列数据如图所示。

09 塑形黏合。

10 黏合好后进行排列，做两个翅膀（方向相同，不要做成一对）。

11 将翅膀与尾巴进行组合。

12 头部需要单独再排一个纯色绒排，用量28组，绒排宽度4.3cm，铜丝间距2.2cm，用0.25mm的铜丝。做好以后进行修剪，并将绒条用手捏着两头调好形状。

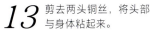

13 剪去两头铜丝，将头部与身体粘起来。

14 另外，如果手头有长度在2.8cm左右、宽度在2mm的绒条，可以利用起来，修成如图所示的形状，不拘泥于颜色，适配即可，修剪完成以后塑形做一个鸟冠子。

15 把做好的鸟冠子粘到鸟头上。

16 顺便可以再修一个鸟嘴（修个超小绒条对折），粘到鸟头上。

17 最后再粘两颗2mm的小珠子当作眼睛，凤凰制作完成。

01 三多在左，凤凰在右，底部加一根红色拴丝更显端庄。

02 凤三多制作完成。

03 此外凤凰还可以和摇钱树进行组合，制成"金钱凤"。

4. 荷花

　　荷花自淤泥中挺立而出，却不沾一丝尘埃，清雅高洁，被誉为"君子之花"。宋代文人周敦颐在其佳作《爱莲说》中，盛赞荷花"出淤泥而不染"，深刻描绘了其超凡脱俗的高贵品质。本例中的荷花，由2~3mm的绒条黏合而成，读者在制作时，务求精雕细琢，使绒条分布均匀，更显其美观雅致。

制作步骤

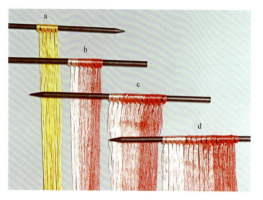

01 排色如图所示（记得混色），从左往右的
用量依次是：

a：5组线，绒排宽度2.5cm，铜丝间距2mm；

b：7组线，绒排宽度3.3cm，铜丝间距3mm；

c：12组线，绒排宽度4.8cm，铜丝间距4mm；

d：16组线，绒排宽度6.5cm，铜丝间距4mm。

02 将a绒条修剪到1.5mm粗，3根为一组
组合在一起，共制作5组。

03 将上一步组装好的五
组绒条与黏土莲蓬进
行组合。

04 剪去多余的铜丝，用镊
子把绒条刮弯。一个部
件就做好了。用同样的方法做3
个这样的部件。

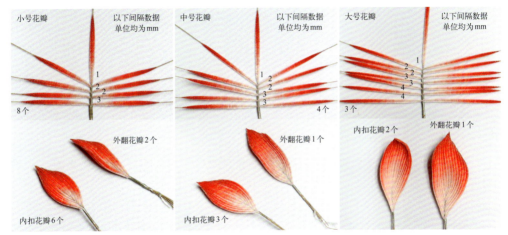

05 将b、c、d三个型号的绒条组合成三个不同型号的花瓣，且形态各不相同，形状和排列数据如图所示，此处黏合塑形稍微复杂一点，需要的读者可扫码观看本例的配套视频教程。

只有1个外翻花瓣

06 在第一层放置5个小号花瓣，其中4个内扣、1个外翻。

扫码观看
荷花花瓣
制作视频
教程

07 第二层：把四个中号花瓣全放上去。

08 在第二层放置完毕以后，在镊子所指的位置再放置一片小号花瓣，形成花瓣错落不规则的视觉效果。

09 在第三层放3个大号花瓣。

10 不规则的大荷花制作完成。

11 再用1个内扣和1个外翻的小号花瓣与莲蓬进行组合，做一朵小荷花。

12 一共有1个大荷花，1个小荷花，1个莲蓬。

13 将这三个部件按图示组合在一起。

14 荷叶排色如图所示（记得混色），用量15组，绒排宽度5.5cm，铜丝间距1.8cm，用0.2mm的铜丝。

15 将绒条修剪后剪去头部铜丝，压扁定型，将两侧修剪干净，使其没有毛刺。

16 将绒条挨个黏合在一起，黏合手法请参考第118页荷叶的制作方法。

17 荷叶不用完全闭合，留一块缝隙用于和荷花组装，把荷花塞到缝隙中即可，在荷叶表面粘几颗仿真露珠。

18 将花型与木簪进行组合，再加一根拴丝。

19 毛绒款荷花制作完毕。

5. 菊花

菊花拥有"养性上药，能轻身延年"的卓越效用，被誉为"延寿客"。人们巧妙地将菊花与音韵和谐的花草、物象及文字相结合，创作出蕴含丰富意义的"吉祥语"图案，用以装点生活，祈愿幸福与长寿的降临。

扫码观看
菊花多角度
展示视频

制作步骤

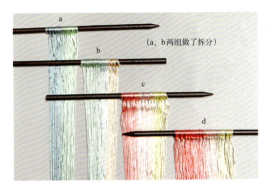

01 按照图示排好绒排颜色，从左往右的数据依次是：

a：用量7组，绒排宽度3.3cm，铜丝间距3mm；
b：用量12组，绒排宽度4.5cm，铜丝间距3mm；
c：用量15组，绒排宽度5cm，铜丝间距4mm；
d：用量17组，绒排宽度6cm，铜丝间距4mm。

02 将a、b、c、d四种绒条分别修剪成如图所示的形状和数量。

03 将b、c、d三种绒条三个为一组，在底部拧起来，方便组装。

04 d绒条需要另外做5组，并在底部缠好丝线。

05 取11根a绒条上下闭合绑成一个球形。

06 加入7组b绒条。

07 依次剪掉多余的铜丝。

8组，总计24根

08 用镊子刮弯绒条，使绒条朝里窝。

09 随后放入8组c绒条。

10 依次剪去铜丝后，用镊子塑形。

9组+1，总计28根

5组，总计15根

11 随后放入9组d绒条，另外再加入一根单独的d绒条，让整体形状更饱满，也就是第四层总计放入28根绒条。

12 依次对绒条进行塑形。

13 最后一层放置绑好线的d绒条，可以往外延长1.6～1.7cm（图中镊子指的距离），在视觉上营造出长绒条的效果。

14 依次对绒条进行塑形。

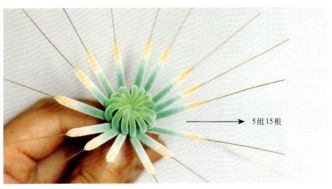

15 依照步骤05的方法，用14根a绒条再做一个花苞。

16 在花苞外放入5组b绒条。

17 再往外层放入5组c绒条，依次塑形。

18 两朵菊花制作完毕。

19 菊花叶子的绒条排色如图所示：用量10组，绒排宽度4cm，铜丝间距0.3~0.4cm。

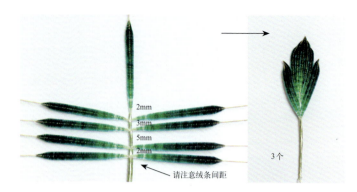

20 菊花小叶子的绒条排列
间距数据如左图所示。

2mm
3mm
5mm
2mm
请注意绒条间距

3个

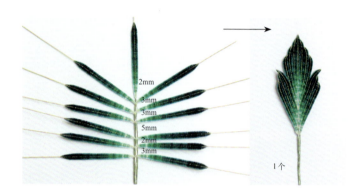

21 菊花大叶子的绒条排列
间距数据如左图所示。

2mm
3mm
3mm
5mm
2mm
3mm

1个

1.8cm
0.8cm
1.5cm
2cm

22 将2片大叶子和1片小叶子组合在一起。

23 组合好以后，往下绕一段距离（读者可根据自身情况调整长短），加入一根拴丝，拴丝固定好以后
将枝干回折，把拴丝也回包绕起来，叶子枝干组合完毕。

24 先将小花苞和一片小叶子组合，再将其与上一步做好的大叶子组合。

25 最后放置好主花（此时大叶子位于左上侧）。

26 加入U形钗主体。

27 调整大叶子的位置，将其从左上侧穿过主花和花苞的位置挪到右下侧。

28 位置调整完毕以后，可适当用镊子顺一下叶子弧度，使其更自然。

29 整个花型制作完毕。

第七章
绒花的
佩戴与展示

一、绒花的保存及收纳注意事项

二、绒花的佩戴与展示

一、绒花的保存及收纳注意事项

（感谢画手巴巴Li-插画师提供的画稿）

1. 拿绒花发簪时，可以用手捏住簪杆或花朵的枝干处。防止毛绒款花型被捏坏。

2. 毛绒款的花型切记不要随便用手把玩或揉捏，如果喜欢毛绒的触感可以用手指轻轻抚摸。

3. 如果绒条有落灰的情况，请不要用水清洗！绒条不可接触液体类的物品，如需清洁，可以用眼影刷或者其他柔软细腻的刷子扫掉灰尘即可。

4. 不佩戴时，可以将绒花放置在盒子里，不要和其他金属类发簪挤压在一起放置，防止绒花变形。

5. 因为绒条的特性是柔软且好塑形，所以如果绒条有轻微变形的情况，可以自行用镊子进行调整。

6. 不要拿绒花逗宠物玩耍，很有可能会被扯变形。

二、绒花的佩戴与展示

（此书中所展现的精致妆面造型，均源自晓琳装束的匠心独运。在此，特别感谢晓琳老师以其巧夺天工的梳妆技艺，为我们呈现了一场视觉盛宴。同时，也要向莫莫老师与五一老师致以诚挚的谢意，感谢他们运用镜头捕捉下了这些令人惊艳的瞬间。最后，对于参与出镜展示的各位模特，你们的精彩演绎让这一切更加生动与鲜活，我同样心怀感激。）

出镜：阿初　拍摄：五一

出镜：阿初　拍摄：莫莫

出镜：孤山　拍摄：莫莫

出镜：胡桃　拍摄：五一

出镜：清川 拍摄：莫莫

出镜：清川
拍摄：莫莫

出镜：清川
拍摄：莫莫

出镜：珍珠　拍摄：莫莫

出镜：桐桐、狗狗　拍摄：莫莫

出镜：诸葛钢铁　拍摄：莫莫

出镜：诸葛钢铁　拍摄：莫莫

灵芝金鱼

菊花

宝石花

缠花

缠花

第八章
其他传统造花艺术

1. 缠花
2. 通草花
3. 花丝镶嵌
4. 宝石花

宝石花

1. 缠花

缠花是一种独特的造花艺术，它是将多种颜色的丝线在精心扎制的人造坯架上缠绕出鸟兽、虫鱼、花果等图案，制作出的工艺品呈现出轻盈而灵动的形态以及自然且雅致的光泽。

缠花手艺人介绍：舟郎顾，原创手工艺人，短视频博主。他在各大平台分享自己的缠花作品和缠花制作教程等内容，曾被安徽卫视、《人民日报》报道，在创作过程中不断学习与探究国风美学和中国传统文化。（以下图片均为舟郎顾的原创作品，展示图片仅供欣赏，请勿模仿商用。）

2. 通草花

通草花是将通脱木的白色茎髓取出后转削成厚薄均匀的薄片后制作而成的手工仿真花卉，属于我国传统的手工制花艺术品。历史上关于通草花的记载最早可以追溯到秦朝：《中华古今注》中记录了秦始皇令嫔妃"插五色通草苏朵子"，这表明通草花早在2200多年前便存在并应用于宫中簪花，是历史记载中最早出现的宫廷仿真花。

通草花手艺人介绍：菓子KASHI，本名肖钰菡，通草花线上线下课程教师，作品曾刊登于《瑞丽家居》《节气研究社》《休闲》《馥郁》等杂志。（以下图片均为肖钰菡原创作品，展示图片仅供欣赏，请勿模仿商用。）

3. 花丝镶嵌

　　花丝镶嵌是一门传统的宫廷手工技艺，主要使用金、银等材料，通过镶嵌宝石、珍珠或编织等工序，制作成工艺品。花丝镶嵌的工艺复杂，大致可分掐、填、攒、焊、堆、垒、织、编八种手法，技艺精湛，造型优美，花样繁多，具有传统的艺术特色。

　　花丝镶嵌手艺人介绍：高振宇，毕业于浙江传媒学院，演员，代表作《觉醒年代》。2022年被评为青年艺术家，将传统花丝镶嵌、"仿点翠"工艺融入新中式现代设计，呈现出极具个人风格的作品，是新中式设计的小众代表。（以下图片均为高振宇的原创作品，展示图片仅供欣赏，请勿模仿商用。）

4. 宝石花

　　宝石花由珍珠、水晶、珊瑚、玛瑙等多种宝石精心编织而成，辅以花丝镶嵌、点翠等工艺的叶子或其他精致配件，彰显出非凡的华贵与精致。这些珍贵材料的组合，制成发簪，在乌黑发丝的映衬下，更是光彩夺目，熠熠生辉。

　　宝石花手艺人介绍：千山景逸，擅长花丝镶嵌、仿点翠，国画老师、短视频博主，曾被《中国青年报》《新苏黎世报》等采访报道，其作品结合传统美学与现代审美，力图发扬传统非遗手艺。（以下图片均为千山景逸的原创作品，展示图片仅供欣赏，请勿模仿商用。）

　　感谢各位手艺人提供的精美作品照片，愿我们的传统手工艺能够获得更深入的发展，同时也能够得到更广泛的传播。

致读者的一封信

亲爱的读者朋友们，

　　大家好，

　　感谢各位的耐心阅读。我是一名民间绒花爱好者，也是一位拥有多年教学经验的绒花老师。虽然自称为老师，但因自学之路，我始终在探索中前行。我的审美或许平凡，但基本功却相当扎实，我非常高兴能将这些年的制作经验和技巧通过书籍的形式分享给大家。

　　在教学中，我经常告诉学生们：不要认为自己笨拙。天赋固然可贵，但缺乏天赋时，勤奋地练习同样能带来收获。我自己在早期学习时，资质平平，理解能力也不强。别人练习一两遍就能掌握的技巧，我需要练习四到五遍，甚至更多。在学习过程中，我常常以一种平和的心态面对每一步，结果却往往不尽如人意。但经过无数次的失败与重振，我总结出了一套自己的学习方法和理论，以及一些学习心态，供各位参考。首先，是"笨鸟先飞"和"勤能补拙"的理念，再加上复盘的心态。世上任何手工技艺都需要通过不断重复来掌握，所以如果你在初期觉得自己的作品不够好，不要气馁，多练习几次。当然，在反复练习的同时，一定要总结自己的不足，学会反思和批判。其次，提升审美能力也至关重要。在基本功扎实的基础上，学习一些配色和排版技巧是必要的。在配色方面，可以多观察古画和古董饰品来学习配色；在排版方面，大自然是最好的老师，观察自然界花朵的生长方向能带来灵感。同时，也可以向优秀的制作者学习和借鉴，但切忌直接抄袭。当基本功、配色、审美和排版都有所提升后，你在绒花制作方面就不会遇到太多瓶颈了。接下来，就是要形成自己的审美风格，并学会尊重他人的不同审美观。

　　我们常说天赋很重要，但我认为能够超越天赋的限制，这才是更强大的能力。学习一门手艺，有人能迅速掌握，有人则感到困惑。每个人的能力是与生俱来的，我们无法改变，但我们可以通过勤奋地练习来创造新的能量。制作心法是你突破天赋限制的关键工具。当你对技艺的每个环节都了如指掌，并能分析出自己和他人的问题时，说明你已经拥有了自己的一套制作心法。保持谦逊，不骄傲，不气馁，冷静客观地面对自己的成果和问题。

　　最后，由于这门技艺一直在进步，本书中的一些方法和技巧可能会变得过时。因此，请大家以批判的眼光去学习和吸收。

雪胖